GONGYE FANYING GUOCHENG DE
KAIFA FANGFA

工业反应过程的开发方法

陈敏恒　袁渭康　著

化学工业出版社
·北京·

内容简介

本书主要介绍了如何有效地进行工业反应过程的开发，阐述了开发过程的两条基本原则，即必须在反应工程理论指导下和正确的实验方法论的指导下进行，并结合编者实践过的开发工作进行案例分析，以展示这两条基本原则的实际应用。本书编写形式新颖，有独到之处。

本书可供从事工业反应过程开发工作的研究、设计人员参考，也可作为化工企业培训、化工相关专业教材。

图书在版编目（CIP）数据

工业反应过程的开发方法 / 陈敏恒，袁渭康著. —
北京：化学工业出版社，2021.10（2022.1 重印）
ISBN 978-7-122-39554-2

Ⅰ.①工… Ⅱ.①陈… ②袁… Ⅲ.①化学反应工程
－研究 Ⅳ.①TQ03

中国版本图书馆 CIP 数据核字（2021）第 140297 号

责任编辑：冉海滢 刘 军 装帧设计：王晓宇
责任校对：李雨晴

出版发行：化学工业出版社（北京市东城区青年湖南街 13 号 邮政编码 100011）
印 装：三河市航远印刷有限公司
880mm×1230mm 1/32 印张 5 字数 71 千字
2022 年 1 月北京第 1 版第 2 次印刷

购书咨询：010-64518888 售后服务：010-64518899
网 址：http://www.cip.com.cn
凡购买本书，如有缺损质量问题，本社销售中心负责调换。

定 价：50.00 元

重印说明

《工业反应过程的开发方法》一书自 1985 年于我社出版以来，深受化工界同行的重视。该书虽出版已久，但其所陈述的主要观点、方法及原则并不过时，对广大工程技术人员和研究人员仍有参考价值。为此，在征得原著作者同意后，决定重印本书。

本次重印，在保留原著结构、语言不变的基础上，依据现有的编辑出版规范，进行了编校工作，对原书整体内容未做补充或修改，希望能为广大读者所用。

特此说明。

化学工业出版社有限公司

2021 年 10 月

前　言

掌握工业反应过程的开发技术，是独立自主地建设我国化学工业所必需的。新中国成立以来，工业界在这方面进行了大量的实践，积累了丰富的经验与教训，但是，至今还没有进行过系统的总结。

编者自 20 世纪 60 年代初开始从事反应工程方面的研究工作，前后计有二十余年。其中前十年主要进行反应工程基础理论和数学模型方面的研究工作，后十年则主要从事实际反应过程的开发工作。简言之，前十年研究的是应用科学，后十年研究的是科学的应用。

在实践中，编者深深体会到，有效地进行工业反应过程开发工作的关键有两条：一是反应工程理论的指导，二是正确的实验方法论的指导。

本书根据编者的认识阐述了这两条基本原则，并结合编者亲身实践过的开发工作，进行了案例分析，以展示这两条基本原则的实际应用。

由于编者自身经验的局限性，疏漏和片面性在所难免，还望读者批评指正。

陈敏恒，袁渭康

一九八三年十月

目　录

第1章

过程开发方法

简论

在化工领域中，过程开发工作总是从化学实验室开始的。当在化学实验室有了新的发现（包括采用了某种新的原料，或是获得了某种新的产品，或是利用了某种新的催化剂，或者甚至是实现了某一新的化学反应），并对这种新的发现作了有利的技术经济评价后，开发工作就进入到以建厂为目的的工程阶段。

1.1
两种开发方法

本节将论述两种有代表性的过程开发方法。

在过程开发阶段中，通常首先进行小型的工艺试验（小试），以选择反应器的型式，决定优选的工艺条件并确定可望达到的各项技术经济指标。继小试之后，通常需要进行规模稍大些的模型试验（模试）和规模再大一些的中间工厂试验（中试），然后才能放大到工业规模的大型生产装置。在没有把握的时候，有时需要经过多级的中间试验，每级只放大很低的倍数。

这就是所谓的"逐级经验放大"。这一名词一方面反映了设备由小型经由中型再到大型的逐级放大的过程；另一方面亦表明了开发过程的经验性质，因为开发是依靠实验探索逐步来实现的。

这种逐级经验放大方法是相当费时耗资的。在每一级试验中，虽然要着重考察的只是反应过程，但是却必须建立整套的原料预处理和产品后处理装置。而建立这样的整套装置自然是历时很长，耗资甚巨的。

另一方面，逐级经验放大方法不但有开发周期长和耗资大的缺点，而且并不十分可靠。在逐级放大过程中，经常发现某些技术经济指标下降了，达不到小试水平。这种现象人们常称之为"放大效应"。这里所谓的"放大效应"不是某种含义明确的物理或化学现象，它只是表达了放大过程中反应结果与小试指标之间会出现某种未曾预期到的差异，或虽可预期，但却无从控制的差异。

尽管逐级放大如此费时耗资而且并不可靠，但是长期以来人们都是这样进行工作的。在这一领域工作时间较长的人们都已习以为常，视作理所当然了；可是，"局外人"却常常表示十分惊奇：为什么对实验，也就是对经验的依赖竟然到了如此地步？为什么不能建立设计计算方法以便直接进行大厂的设计?

其实,掌握对象的规律,对之作出数学描述,建立方程,然后通过方程的求解或数值计算进行大厂的设计计算,这是人们的普遍期望。问题是,这种以数学解析为基础的方法至今未获成效。

察其原因,首先是因为反应器内进行的过程是比较复杂的;既有化学反应过程,又有流动、传热和传质等传递过程。也就是说,既有化学的又有物理的过程。但是,真正妨碍数学解析方法成功的主要原因还不在于过程本身的复杂性,而在于过程所处的几何边界的复杂性。任何微分方程都必须有确定的边界条件才能求解。而反应器所构成的几何形状往往难以用数学手段作出描述。例如,固定床气固催化反应器在反应工程中是最为常用的反应器。流体在其中的流动通道是由乱堆的不规则形状的催化剂颗粒组成的具有网状结构的复杂通道,因此其流动边界难以用方程描述。妨碍数学解析描述的另一个障碍是物系的性质。如果说航海中涉及的只是水,航空中涉及的只是空气,那么在化工中涉及的是千变万化的物系,各有其物性。尤其是,在化学反应过程中物性还会发生变化。没有可靠的物性数据,即使有了方程也无能为力。

这就是为什么反应器的设计未能采用数学解析方法进行，而只能依赖于实验的原因。

即使在实验研究方面，反应器的放大也和航空和航海等领域不同。飞机和船舶都可以根据相似方法的原则，按相似条件进行模型试验。然而，对于反应器来说连这样的模型试验也是行不通的。因为反应器内发生的过程既有化学的又有物理的。已经证明，不同尺寸装置之间不可能既满足物理相似又满足化学相似条件*。因此按相似原理进行模型试验同样也是不能成功的。

这就是为什么反应器的放大长期以来只能小心谨慎地，一步一步地进行逐级经验放大的原因。

但是人们毕竟不甘心于纯经验的方法。因此，随着反应工程理论研究的进展，随着人们对反应器内发生过程的理解逐步深化，许多开发工作者都在探索新的开发方法。近二十年来逐步形成的数学模型方法就是这种探索的成果。

众所周知，真正地和根本地解决问题还是要掌握对象的规律，并建立方程描述这种规律。既然如实地描述对象已属不可能，那么是否可以将复杂的对象作出某些

---

* 陈敏恒，袁渭康. 化学工程，1980，1(1).

简化使之易于进行数学描述？这是数学模型方法的出发点。如何在作出简化的同时又保持其有效性？这是数学模型方法要解决的问题。

以流体通过乱堆的催化剂颗粒层为例。流体在绕过各催化剂颗粒时不断地发生分流和汇合。这种分流和汇合是随机的，其结果是造成一定程度的轴向混合（或称返混），它将影响反应结果。因此，在建立反应器设计计算方法时必须考虑这一影响，而首先必须对这一轴向混合现象作出恰当的数学描述。很明显，对这样一种在复杂的几何边界中进行的随机过程作出如实的描绘是极为困难的。人们研究数学模型方法就是考虑是否可以将这一复杂过程简化。他们设想，既然其后果是造成一定的轴向混合，是否可以借用扩散定律（菲克定律）去描述这一现象？也就是说，把实际上是分流和汇合所造成的轴向混合看作是某种当量的轴向扩散造成的，即把一个随机分流和汇合过程用一个等效的轴向扩散过程来替代。如果实验证明两者是等效的，那么过程的数学描述就可大为简化。流体通过乱堆的催化剂颗粒层的流动过程就可以被看成是在流体的平移运动之上再叠加一个轴向扩散。此时，也即在进行数学描述时，乱堆的颗粒层仿佛消失了。当然，实际上颗粒层还是存在的，仍然有其影响。对这个等效的轴向扩散过程用菲克定律描述时出现了一个系数，即有效扩散系数。它不像分子扩散系数那样明确地、单一地反映了流体分子的一种特性；它综合地反映了乱堆颗粒层的特性、流动特性和流体物性，所以被称为有效扩散系数。这一简化了的模型称作扩散模型；有效扩散系数是该模型的一个参数。

从上述例子可以看出，数学模型方法的实质是将复杂的实际过程按等效性的原则作出合理的简化，使之易于数学描述。这种简化的来源在于对过程有深刻的理解，其合理性需要实验的检验。其中引入的参数（如这里的有效扩散系数）需要由实验测定。

然而也应该注意到，扩散模型对颗粒层内流动所作的简化只是针对一定的研究目的，在一定的范围内才是有效的。如果说，扩散模型对描述轴向混合，这样的一种简化是等效的，那么对于描述同一系统的另一种现象，如流体流动阻力，这样的简化就完全无效。同样的颗粒层，在描述其阻力特征时通常采用毛细管模型，即把流体流动的通道看成是由若干个平行的、但又互不交叉的、并具有一定当量直径和当量长度的圆形细管组成。由此可知，模型毕竟只是模型而不是原型。它从过程的某一个侧面与原型等效，在另一个侧面则可以完全不等效。反过来说，正因为只需要在某一个侧面与原型保持等效性，才有可能作出大幅度的简化。

如果对大型反应器内发生的各种过程，包括反应的、流动的、传热的和传质的过程，都能作出简化模型并对之作出数学描述，且由实验测得其参数值，那么，大型反应器的设计和大型反应器性能的预测就可以由上述各方程的联立求解获得。现代化的电子计算机已足以进行所需的数值计算。

数学模型方法的建立和发展是近二十年的事。在文献中也有用这种方法成功地应用于过程开发的报道。典型的例子是丙烯二聚生成异戊二烯的管式反应器，未经中试，直接由小试结果设计大厂，实现了17000倍的放大*。

数学模型方法在开发工作者中引起了不同的反响：既有怀疑又有期望。深知工业反应过程复杂性的人们怀疑对如此复杂的过程是否确能作出可靠的数学模型。痛感中试麻烦的人们又从中看到了希望，积极宣传，跃跃欲试。国内在一个时期曾大力宣传过数学模型方法，以

---

* Garmon, Morrow and Anhorn. CEP, 1965, 61(6):57.

为依靠这种方法可以一劳永逸地摆脱中试。此时持怀疑态度的人多半冷眼旁观。然而一段时期的实践表明，就目前情况而言，真正能用数学模型方法开发的过程却是寥寥无几。国外的情况也相差不多。于是，数学模型方法的"身价"就此一落千丈，似乎唯一可靠的方法还是逐级经验放大方法。

那么，究竟两种方法中哪一种更为合理，哪一种更为稳妥可靠？为什么人们对两种方法的认识有过如此巨大的起伏？为了回答这些问题，还是要对这两种方法的实质和基本特征作进一步的剖析。

1.2
逐级经验放大方法的基本特征

工业反应过程的开发中需要解决的不外是下列三方面的问题：

① 反应器的合理选型；

② 反应器操作的优选条件；

③ 反应器的工程放大。

逐级经验放大方法解决上述三个问题的基本步骤是：

① 通过小试验确定反应器型式（结构变量）；

② 通过小试验确定反应器工艺条件（操作变量）；

③ 通过逐级中试考察几何尺寸的影响（几何变量）。

分析上述三个步骤，不难看出逐级经验放大方法具有以下几个基本特征。

（1）着眼于外部联系，不研究内部规律

逐级经验放大方法首先根据在各种小型反应器试验的反应结果的优劣评选反应器型式。在选定的反应器型式中对各种工艺条件——温度、浓度、压力、空速等进行试验，通过反应结果的优劣评选适宜的工艺条件。在这一基础上进行几种不同规模的反应器试验，观察反应结果的变化，推测放大后的反应结果。这就是上述三个步骤中采用的共同的研究方法，即考察变量与结果的关系，也就是输入与输出的关系，或称外部联系。这种工作方法系把反应器视作为一个"黑箱"处理。既不需要事先知道反应器内进行的实际过程，在研究考察之后也并不了解过程的内部规律。

如果在逐级放大过程中发现反应结果有一定的恶

化，人们就会说，这一过程有放大效应。至于怎么会有放大效应，是什么因素造成这种放大效应，应该采取何种措施才能减轻或消除这种放大效应，逐级经验放大方法并不能提供确切的答案。化工中所谓的放大效应，实际上只是一种或一群现象的表达，并不是一种原理，它并没有给改进措施指明任何方向。

（2）着眼于综合研究，不试图进行过程分解

反应器内进行的是多种过程，既有化学的又有物理的，既有流动的又有传热和传质的。各个过程又有各自的规律，对反应结果有不同程度的影响。逐级经验放大方法不对上述各种过程作分别的研究与考察。在上面所述的三个基本步骤中，各个不同的化学的和物理的过程都被同时地综合在一起进行考察，其结果必然是不能逐个分清各个因素对反应结果产生怎样的效应。

（3）人为地规定了决策序列

事实上：一般而言，反应结果应当是结构变量、操作变量和几何变量的函数。但是这三类变量之间可以存在着交互的影响，即这三类变量可以是相互关联的。但是逐级经验放大方法却把这三类变量看成是相互独立的，可以逐个依次确定的。例如，第一步是在

小试的评比中确定反应器的优选型式。这意味着在小试中谁优，则大型化时仍然必定是谁优。换言之，它否认了几何尺寸对反应器选型的影响，也就是说，它认定几何尺寸的影响和结构型式的影响是相互独立的。实际上也确有这种情况，但也有相反的情况。以流化床和固定床催化反应器为例。通常小型流化床有良好的性能，但放大后性能会显著恶化。这样，即使在小试中流化床获得优胜，在大型装置则未必较固定床更优。这是大家都已熟悉的事实。从这个反例中也可以体会到小试确定的反应器选型未必一定是正确的。又如，第二步在小试中确定优选的工艺条件，同样意味着几何尺寸不致明显改变优化的工艺条件。如果认为几何尺寸改变后优选的工艺条件也将有相应的变化，那么，小试中寻找优选的工艺条件也就失去了意义。事实是，有些情况下几何尺寸会对工艺条件有较大的影响，这也是众所周知的。

从以上论述可以看出，逐级经验放大方法所遵循的决策序列是人为的，并不是科学论证的结果。

既然是人为的，那么为什么恰恰是这样的决策序列而不是其他的序列呢？其实，稍加分析就可以体会到我们没有其他的选择。我们不可能在大型装置中对反应器型式进行评比选优，也不可能在大型装置的试验中进行工艺条件试验，因为这无疑是先建厂而后进行试验。可见，逐级经验放大方法采用这样的决策序列纯属出于无奈，别无他择而已，从方法论的角度看，这就暴露了逐级经验放大方法的不科学性。

（4）放大过程是外推的

逐级经验放大方法中进行几种不同尺寸反应器的试验，从中考察几何尺寸的影响，然后进行放大设计。不难看出，这是在进行外推。大家都熟知，外推是很不可靠的。某种因素也许在一定的尺度范围内是渐变的，或呈线性的变化关系；越出这一范围后也许会有剧变甚至突变。因此，将在小尺寸范围内进行的考察结果外推到大尺寸时就冒着风险。也正因为如此，逐级放大过程中有时需要经历好几个中间试验的层次，造成开发工作旷日持久的后果。

这里应当顺便说明一下，以上的分析仅仅是针对方法的本身，而没有包括人的因素，即研究者的因素在内。如果研究者有充分的理论知识和丰富的实际经验，当然也可用自己正确的分析和判断部分地弥补方法本身的一些缺陷。

1.3
数学模型方法的基本特征

  从方法论的角度看，逐级经验放大方法有另一个严重的缺陷。工业反应器中发生的过程有化学反应过程和传递过程两类。在设备自小型而被放大的过程中，化学反应的规律并没有发生变化。设备尺寸主要影响到流动、传热和传质等过程。真正随设备尺寸而变的不是化学反应的规律，而是传递过程的规律。因此，需要跟踪考察的实际上也只是传递过程的规律。然而，各级中试之所以耗资巨大，却是由于化学反应，因为要进行化学反应，就必须全流程运转以提供原料以及处理产物。这存在着一个明显的矛盾——目的和手段之间的矛盾。这一矛盾的根源在于逐级经验放大方法总是综合地进行，而不是分解成为几个子过程分别加以研究，并在最后予以综合的。

  针对上述矛盾，数学模型方法首先将工业反应器内进行的过程分解为化学反应过程和传递过程，然后分别地研究化学反应规律和传递过程规律。如果经过合理的简化，这些子过程都能用方程表述，那么工业反应过程的性质、行为和结果就可以通过方程的联立求解获得。这一步骤可称作过程的综合，以表示它是分解的逆过程。

由于化学反应规律不因设备尺寸而异，所以化学反应规律完全可以在小型装置中测取。传递过程规律受设备尺寸的影响较大，则必须在大型装置中进行，但是由于需要考察的只是传递过程，无需实现化学反应，所以完全可以利用空气、水和砂子等廉价的模拟物料进行试验，以探明传递过程的规律。这种试验通常称为冷模试验。显然，冷模试验即使以很大的规模进行也不致耗费过多。

这样，按数学模型方法进行的工业反应过程开发工作可以分为以下四个基本步骤：

① 通过小试验研究化学反应规律；

② 通过大型冷模试验研究传递过程的规律；

③ 通过计算机上的综合，预测大型反应器的性能，寻找优选的条件；

④ 通过中间试验检验数学模型的等效性。

这里尚需一提的是，冷模试验研究的是大型反应器中的传递规律，它是反应器的属性，基本上不因在其中进行的化学反应而异。例如，固定床反应器内的流动、传热和传质规律与所进行的化学反应的类别并无直接关系。特定的工业反应过程只是特定的化学反应的规律和这些传递规律的结合。换言之，对于一个特定的工业反应过程，化学反应规律是其个性，而反应器中的传递规律则是其共性。一旦对某一类反应器的传递规律有了透彻的了解，那么，采用这一类反应器的工业反应过程的开发实验就只限于小试验测定反应规律和中试的检验，无需再进行大型冷模试验了。

具备了传递过程规律和小试测定的反应过程规律，就可直接设计工业反应器，这样就不存在设备的放大问题。"放大"一词的内涵为从一个小型反应器出发经过中间试验，放大到工业规模的反应器。数学模型方法本身并不意味着必须要有这么一个小型反应器和中间规模的反应器以供放大之用，而是可以通过计算直接获得一个大型反应器的设计。因此，有人认为"放大"一词的含义对数学模型方法就不再十分确切，似应以"开发"代之更为贴切。当然，由于习惯的原因，继续在数学模型方法中沿用"放大"这一词汇，作为广义的理解也还是可以的。

尽管要在计算机上进行综合，尽管各个子过程必须要用方程进行描述，尽管对各个子过程进行分别研究的最终结果是描述该过程的数学模型，但是，实验在数学模型方法中仍占有主导地位。实验工作的步骤大体如下：

① 通过预实验认识过程，设想简化模型；

② 通过实验检验简化模型的等效性；

③ 通过实验确定模型参数。

诚然，其中最关键的一步是认识过程，以便设想简化模型。只有充分认识了对象，才能高度概括，才能作出大幅度的简化。

另外，中试仍是数学模型方法的一个重要环节。与逐级经验放大方法不同的是中试的目的不再是通过实验搜索放大的规律，因此，中试不再是放大的起点。对于数学模型方法，中试是为了对模型化的结果作出检验。因为是检验手段，所以需要事先进行设计，以便在最有利于模型检验的条件下进行实验。从这个意义上，中试也意味着一个开发阶段的结束。如果模型计算与中试结果分歧，则必须检查是中试的原因，还是模型所反映的规律与实际不符。如属后者，则应修正模型。

综上所述，可以看出数学模型方法的基本特征是：

① 过程分解；

② 过程简化。

这两个基本特征是密切关联、互为基础、互为前提的。过程分解给简化创造了有利的条件。反之，没有简化，也得不到数学模型，也就不能综合，自然也就失去了分解的意义。

1.4

两种开发方法的对比

分析了两种开发方法的基本特征以后，就不难看出，这两种方法呈现鲜明的对照。这两种方法无论是出发点还是工作方法都是全然不同的。

逐级经验放大方法立足于经验，并不需要理解过程的本质、机理或内在规律，而是一切凭借实验结果行事。这是它的主要出发点。其功过成败全系于这一出发点。正因为它不要求对过程本质的认识，因此，即使过程异常复杂，这一方法仍可用。即使研究者缺乏必要的理论知识，该方法也同样可被沿用。也就是说，这种方法对对象的复杂性没有限制，对研究者的理论素养并不苛求。

反之，数学模型方法立足于对于对象的深刻理解，只有有了深刻的理解，才能作出恰如其分的分解和简化。而且，它不仅要求对过程有深刻的定性的理解，而且要求做到准确的定量的理解以便能将这种理解表诸于方程。显然，这个要求是相当苛刻的。也正因为如此，尽管数学模型方法在逻辑上是非常合理的，从方法论上说也是很科学的，但其实际应用直到目前为止仍然是有限的。它一方面要求有可靠的反应动力学方程，另一方面，又要求有大型装置中的传递方程。对于复杂的反应系统，例如聚合反应等，就很难得出准确可靠的反应动力学方程。与反应动力学相比，更缺乏的和更困难的是大型装置中的传递规律。有些复杂的反应器，如流化床反应器、鼓泡反应器等，其中的传递规律至今尚未能定量地作出描述。

在工作方法上两者也是大相径庭的。以小试验为例。逐级经验放大方法的小型试验目的是寻优，即寻找优选的工艺条件。因而实验装置在形状和结构上应当尽量模拟工业反应装置。实验点的安排通常采用网格法、优选法或正交设计法等。而数学模型方法的小型试验目的是建立反应动力学模型。因而其实验装置不在于是否与工业反应装置相仿，而在于尽可能排除传递过程的影响，从而获得未被伪装起来的真正的反应动力学规律。而实验的计划首先应充分揭露反应的特征（不是寻优）以便设想简化的动力学模型，然后布点进行模型的检验和模型参数的估值。中间试验则显示了更多的不同，逐级经验放大方法利用逐级的中试探求设备几何尺寸造成的效应，数学模型方法则设计中试以检验模型化的结果。

不同的出发点有不同的工作方法，这是很自然的。

两种开发方法实际上是两个极端：一个不要求对过程有任何认识和理解；另一个则不仅要求对过程有深刻的定性的理解，而且要求有足够准确的定量的理解。

很自然，如果所处理问题在过程上是简单的，在设备上同样是简单的，或者通过分解和简化使之足够简单，就完全可以既有定性又有定量的理解，那么，没有任何理由不采用较为科学的数学模型方法。反之，如果过程和设备二者之中有一个极为复杂，那么，即使在 20 世纪 80 年代也只能采用逐级经验放大方法而无需自惭。

然而，大多数实际问题却并不是如此极端的，实际问题的复杂性往往是介于两者之间的中间情形。现在经常遇到的情况是，对过程有所理解，但又未能达到足够准确的定量的理解，采用数学模型方法并不现实。可是，对过程还是有相当的理解，退回到纯经验的逐级经验放大方法又不甘心。很明显，这里已不是争论两种方法孰优孰劣的问题，也不能采取非此即彼的简单化处理，而应当探讨在这种中间情况下如何正确地进行开发工作。这也是本书所要探讨的问题。

开发方法的基本原则

当所遇到的是介于两极端之间的中间情况时，应当如何进行开发工作，这是一个既有广度又有深度的问题。对此作出系统的回答是很困难的。但是，这恰恰又是开发工作中实际上经常遇到的问题，因此也不应避而不谈。在本书中打算先作一些原则性的讨论，然后结合笔者实际经历过的开发实例边叙边议，看看这些原则在实际中的应用。本章着重讨论开发工作应遵循的两条基本原则。

对工业反应过程，所应依藉的手段主要是实验。当然，逐级经验放大完全依靠实验。即使是数学模型方法，正如上述，也在很大程度上依赖于实验。对于对象的深入认识依赖于实验，模型的检验和参数的估值也依赖于实验，综合的结果也需要中试的验证。但是，实验同样需要理论指导，否则就将成为盲目的实验。因此，开发实验必须有理论的指导。应当有两个方面的理论指导：

① 反应工程理论的指导；
② 正确的实验方法论的指导。

只有将开发工作置于这两方面的理论知识的指导下，开发工作才能大大简化，开发工作的质量才能大大提高，开发的周期才能大大缩短。

第 **2** 章
开发方法的基本原则　　**23**

2.1
反应工程理论的指导

　　将开发工作置于反应工程理论的指导下就从根本上摆脱了逐级经验放大方法的纯经验性质，与逐级经验放大方法从指导思想上分道扬镳了。

　　实际上，逐级经验放大方法盛行用于反应器的开发放大远在反应工程学科建立之前，即 20 世纪 50 年代以前。在那时，采用这一方法是无可非议的。而反应工程学科经过二三十年的发展已基本形成，对大多数反应过程和反应器已提供了相当多的规律性知识。在这种情况下，将反应工程学研究的成果摒弃不顾，而还是一成不变地沿用逐级经验放大方法就于理不通。实际上，近年来，很多研究者不满于逐级经验放大方法，主要还不是因为它使开发周期长和耗资大（这一点早已为人熟知），而是因为他们对反应工程的理论掌握得多了，就更多地感到逐级经验放大方法的不合理之处。理论知识愈丰富，想摆脱纯经验的开发方法的内力就愈大，这是很自然的。现在的问题是如何灵活地应用反应工程的理论来指导开发工作。

在这本小书中，不可能再介绍反应工程的基本理论。假设读者已具备了必要的基础知识[*]。这里只想探讨一下，反应工程理论能给开发工作提供哪些指导，提供哪些有利于思考问题的根据。

概括起来，"反应工程"为与开发工作有关的方面做了以下有益的工作：

（1）概括了若干种影响反应结果的工程因素（或称宏观动力学因素）

反应工程学考察了各类反应器中进行的各类反应，概括出一些重要的工程因素，例如：

① 预混合（微观混合）；

② 返混（宏观混合）；

③ 传热与传质；

④ 多态现象和热稳定性；

⑤ 参数灵敏性。

---

[*] 关于反应工程一些最必要的知识和最基本的观点已另有专著，如可参阅陈敏恒、翁元恒，《化学反应工程基本原理》，化学工业出版社，1982。

（2）进行了大量的单因素研究

化学反应成千上万，多种多样，反应工程学科不可能逐一地加以研究，因此将反应大致分为以下三类：

① 简单反应；

② 伴有平行副反应的复杂反应；

③ 伴有串联副反应的复杂反应。

然后，结合每一类反应，对上述各工程因素进行大量的单因素研究。

这些理论工作多半通过复杂的数学演绎，对各个单因素的影响，进行了深入的有时甚至是细致入微的和定量的研究，然而在大前提上面却作了大量的简化。例如，排除了一切其他因素的影响，对反应动力学作了重大的简化。因此，许多人怀疑这些研究工作的实用价值。但是对于理论工作者来说，作出各种简化，割裂其他因素，以便集中研究某一或某几个因素的效应，是很有必要的。

的确，由于作了那么多的简化，显然与实际情况有很大的偏离。将这些研究结果直接应用于反应器的设计计算是不可能的。但是在实际工作中深深体会到这些理论研究结果的重要指导作用，对于帮助分析过程的实质，作出正确的判断极有帮助。

举例来说，这些理论研究的结果指出：

在低转化率（<50%）时返混的影响可以不予考虑，高转化率（>95%）时，其影响很大。

对于气相慢反应，预混合问题可以不予考虑；对于快反应，预混合可能严重影响反应的选择性。而反应快慢的分界是秒级，即反应所需要时间为几秒的属慢反应，反应时间为分秒级的属快反应。

进行气—固强放热催化反应时，催化剂颗粒温度与气体温度可以有显著的差别。而反应热强弱的标志不是摩尔反应热，而是反应物系的绝热温升。

理论研究的这些主要结论能帮助判别，对于所处理的问题，哪些工程因素应在小试中予以密切注意、周密测定，并在放大过程中着重考察；哪些因素可以不加考虑，从而简化了实验工作。

显然，这些对于理解过程的关键所在，进行过程的分解和简化，安排实验计划都有重要意义。

对于实际开发工作者来说，是否掌握理论推导和数学运算的能力并不十分重要，重要的是要了解其最后的结论。实际工作者应当尽可能通晓理论工作者所提供的结论。尽管是以定量的形式提供的，实际工作者只作定性的应用，这样就已经考虑到理论研究中所引入的那些简化假定了。

(3) 提供了若干重要类型反应器中的传递特征

"反应工程"对一些重要类型的反应器，如搅拌釜、列管式固定床反应器、绝热式固定床反应器、滴流床反应器、流化床反应器、鼓泡床反应器等都分别进行了实验研究。尽管由于问题的复杂性，并没有都能达到准确的定量阶段。但是，这些反应器的基本传递特征还是能够掌握的。

掌握这些知识可以知道在哪一类反应器内哪一类工程因素会有其重要性，哪一类工程因素会在放大时有重大变化。这就能提醒注意在小试验中对哪个因素应详细地宽范围地考察。

反应工程理论对开发工作的指导，犹如医学对医生诊治疾病的指导一样。良医诊断疾病与庸医的主要区别是能对疑难疾病作出正确的判断，从大量可能的疾病中作出正确的筛选，排除似是而非的疾病，以便对剩下不多的几种可能的疾病集中注意再作检查。而一个庸医所能做的也许只是列举有可能的疾病而毫无判断。这种差别实际上反映了两者理论知识深度的差异。

2.2
正确的实验方法论的指导

采用实验探求客观事物的规律同样需要有实验方法论的指导，以期用最少的实验获得最明确可靠的结论。

以寻优为例，最原始的方法是网格法，即依次固定其他变量，改变某一个变量，测定目标值，从目标的最优值求得变量的最优值。按这样的方法，所需的实验数将是很大的。如果变量数为 m，每一变量改变的水平数为 n，则按网格法计划实验，所需实验数将为 n^m。由于变量数出现在幂上，不难看出，对象愈复杂，涉及的变量数愈多，所需的实验数将会剧增。采用正交设计法代替网格法，将使所需实验数成倍地减少。但是如果原来所需的实验数很大，成倍减少后的实验数仍将很大。

采用因次分析法，对变量在实验前进行无因次化，可使变量数减少若干。但是如果原有变量数很大，减少后的变量数仍会较大，所需的实验数仍相当大。

因此，面对复杂的工程问题，需将实验数减少到可以接受的程度，必须寻找其他的简化实验的方法。

(1) 普遍适用的简化实验方法

分析一下以上所提及的那些指导实验的方法——网格法、正交设计法和因次分析法等，不难发现，这些实验方法都是普遍适用于各类研究对象，与对象特性无关的方法。虽然这些方法的发现和建立是很有贡献的，因为它们可以广泛适用于各类过程，但是就某项具体工作来说，应用这些方法所得到的实验简化却是有限的，这也是可以理解的。

因此，真正要获得实验的大幅度简化，就必须充分认识并利用对象的特殊性。这是正确的实验方法论的一条重要原则。请特别注意理解"充分认识并利用对象特殊性"一语的含义。这一思想方法的含义及其应用将在本书中频频出现，并将成为本书论述的重点。

(2) 充分认识并利用对象的特殊性

特殊性来自两个方面：

① 过程的特殊性；

② 工程问题的特殊性。

过程的特殊性是显而易见的，因为反应有不同的类型，有其个性。反应设备也有各种型式。在不同反应设备中进行的不同的反应，要用同一种方法去研究，去安排实验，其不合理处是显而易见的。逐级经验放大方法的一个重要缺陷也就在于，不同的过程用同一种方法去处理，不考虑对象的特殊性。而数学模型方法立足于分解和简化，是以对象特殊性为着眼点的。不同的对象可以作不同的分解、不同的简化，这是数学模型方法的精华。但是，近年来，有些研究者却把数学模型方法也变成了不同过程的统一的研究方法。不论是什么反应过程，不考虑有哪些特殊性可以被利用，都一概采用本征动力学—宏观动力学—反应器数学模拟这一套既定的程序。这就违背数学模型方法的基本精神，把数学模型方法变得僵化了、停滞了，成了新的"八股"。

充分认识和利用过程的特殊性进行实验的简化这一点和上一节所述的反应工程理论的指导是一致的，是一个问题的两个侧面。

仍以寻优为例，寻优意味着登上山巅，而且是最迅速地登上山巅。数学上创造了盲人爬山法。这种方法有重大的贡献，因为可以使盲人也能以最快的方式到达山顶。也就是说，如果过程异常复杂，对之一无所知，恰似盲人，那么，也能采用这一方法，通过每走一步就用手杖试探一下最大斜率的方向，搜索到最优的工艺条件。但是这种方法的创立并不是要求所有的非盲人也都必须闭上眼睛，然后按盲人爬山的方法登上山顶。首先应当作出努力，成为非盲人（在反应工程理论的指导下），然后寻找出捷径（充分利用过程的特殊性）登上山巅。

因此，一个研究人员在安排自己的实验计划时，应当经常自问，自己所计划的实验在多大程度上利用了过程的特殊性。同样，项目负责人在审查实验计划时，可以提问计划制订者在多大程度上利用了过程的特殊性。是否充分利用了过程的特殊性是实验计划优劣的重要标志。

现在讨论特殊性的第二个来源：工程问题的特殊性。

实验可分为两类：一类是物理实验，它的目的是获得事物的一般规律；另一类是工程实验，其目的是解决特定的工程问题，而不追求所得结果的普遍适用性。两种不同的实验，有不同的目的，自然应有不同的实验方法。

以绝热反应器为例。绝热反应器的反应结果由进口条件（浓度、温度、流量）唯一地决定。实验研究的任务是确定反应结果与进口条件的关系。如果作为物理实验，寻求普遍规律，那么实验条件应当遍及各种进口浓度和配比。然后作出拟合，用方程表示。但是，如果作为工程实验，目的是解决特定的工程问题，那么就应当弄清进口浓度和配比是否有变化的自由。如果进口的原料浓度是前一工序的产品，而又没有其他必要的理由进行提浓和稀释，则进口浓度和配比就不是变量而是常数，无需变动。即使考虑到前一工序可能发生某些波动，其变化域也将是极为有限的。在进行数据拟合时，前者是在一个宽范围内进行拟合，因而很可能是非线性的。这样，既要求有较多的实验，同时，为了在宽范围内用同一曲线拟合，往往不得不牺牲一定范围内的拟合精度，容忍较大一些的误差，以求得在全范围内良好的拟合。反之，作为工程问题，只需在有限的可行域内进行实验，就完全可能进行线性拟合。这样，所需实验数少而精度反而高。从这个例子可以看出，如果对一个特定的工程问题一概采用物理实验的研究方法，其结果将是实验次数多而误差大。

工业反应开发实验属于工程实验，因而切忌采用物理实验的方法，否则无疑会使实验工作带有浓厚的学究色彩。

应当看到，工程问题有其复杂的一面，但是，也有其简单的一面。工程问题会伴有一些强烈的约束条件，使许多因素受其约束而使实验得以简化。所以，应当弄清特定工程问题的特殊性，充分运用这种特殊性来简化实验。

综上所述，正确的开发方法是应当在反应工程的理论指导下，在正确的实验方法论的指导下进行。要充分利用对象的特殊性规划实验，简化实验。单纯地或过分地依靠那些普遍适用的方法，时间一久，会使研究者逐渐丧失理论思维能力和具体问题具体分析的能力。

以上只是一般地讨论了正确的开发方法的原则。在以下各章中，将结合笔者经历过的开发实例介绍这些原则的实际应用。

反应的浓度效应

如上所述，反应工程理论对各类反应就各个工程因素进行了单因素的研究，这些单因素研究结果对过程开发工作有着重要的指导意义。

此外，反应工程还有力地指导着开发工作中的理论思维。

反应结果的优劣，一般而言，由三项指标度量，即速率、选择性和能耗。速率决定反应器的尺寸，选择性则决定产品的原料单耗。对于简单反应，不存在选择性问题。对于复杂反应，则存在着选择性问题。在现代化学工业中，产品成本中原料部分所占的比重愈来愈大（一般在70%上下），因此，选择性（反映在单耗指标）在经济上的重要性通常远大于反应器的设备费用，因而速率的问题往往退到次要位置。但是，由于选择性决定于主副反应速率的相对关系，因此，归根到底选择性问题也仍是一个速率问题。

从反应动力学可知，速率只与温度和浓度有关。而且只与反应实际进行场所的温度和浓度有关。所谓实际进行场所，指的是反应器内某些部位，化学反应实际上只是在这些部位上进行。如固定床反应器中，反应实际上只是在固体催化剂表面进行，因此反应速率只由催化剂表面的温度和浓度决定，而与气体主体的温度和浓度没有直接关系。这也就是说，任何工程因素对反应结果的影响只能通过反应器内反应实际进行场所浓度和温度的变化才能实现；各工程因素改变的是反应器内反应实际进行场所的浓度和温度，然后通过反应规律（反应动力学）影响反应结果——速率和选择性，如图 1 所示。图中 c 表示反应实际进行场所反应物的浓度向量，T 表示温度。如仍以固定床催化反应器为例。在气体主体浓度和温度相同的前提下，不同的流速（这是一种工程因素）会使催化剂表面的浓度和温度不同，从而有不同的反应速率。

应当注意，这里没有跟踪物料，去考察物料的经历，讨论的是反应器各不同部位（各个微元）的反应状态——浓度和温度。各处的浓度和温度决定了各处的速率和选择性，即局部速率和局部选择性。整个反应器的速率和选择性（反应的性能）就是各局部速率和选择性的某种平均值。

图 1 的意义是，整个反应过程的问题可分解成两个部分。左边部分属于工程问题，它包括各类反应器中的流动、传热和传质特征，各种操作方式（间歇、连续、半连续、一次加料、分批或分段加料等）的特征，右边部分则是反应规律，它是物系反应的特征，

与反应器型式、操作方式等无关。

$$工程因素 \longrightarrow T, c \longrightarrow 反应结果$$
（速率、选择性）

（工程问题）　　　（动力学问题）

图1　工程因素必然通过浓度和温度对反应结果施加影响

　　左边部分是问题的共性部分，与物系的反应特性无关。因此，应当是反应工程理论已经研究过（或应当加以研究）的。因而，应当认为是已知的。右边部分则是问题的个性部分，与各个过程的化学反应性质有关，表现出开发工作的特殊性，是未知的。换言之，对于左边部分，研究者是应当通过反应工程理论的学习和有关文献资料的查阅而掌握的，只有右边部分才是需要进行实验测定的。

　　因此，从反应工程理论的角度看，整个开发工作的核心应当是通过实验弄清反应规律（个性），然后与已有的工程知识（共性）相结合，确定反应器选型、合理的工艺条件并预测放大过程中可能出现的变化。

　　这样，小试的任务就有了变化。逐级经验放大方法要求小试验提供优选工艺条件，而在反应工程理论指导下的开发方法则首先要求通过小试了解反应规律。

此外，小试的性质也发生了变化。逐级经验放大方法认为，小试确定工艺条件，中试测取放大规律；而在反应工程理论指导下的开发方法则要求通过小试提供的反应特征，然后与工程方面的知识结合以预测放大效应。

经验方法和理论指导下的开发方法的根本区别在于，在反应工程理论指导下的开发方法要求在早期，也就是在小试阶段就实现工艺和工程的结合。必须注意这种结合不是有形的而是无形的，不是结合在实验装置中而是结合在研究人员的头脑中。研究人员实验测定的是反应规律，考虑到的应是各种工程因素，以及各种工程因素在大型反应器上的体现。小试验中对反应规律的任何新的认识和新的发现都会在研究人员头脑中与工程因素相结合，评估这些规律的含义（对开发的利和弊、难和易）。

能否实现工艺和工程早期结合的基础是，研究者应有足够的反应工程理论素养。所谓足够的素养，不是指细致的数学推导，而是应该能透彻地了解：

各种工程因素对反应器内各处的浓度和温度有怎样的影响，其量级如何？

各类反应器中各工程因素的基本特征，这些工程因素随设备尺寸的增大有何变化？

既然各工程因素只能通过狭窄的通道——浓度和温度对反应结果施加影响，因此，可以将问题分成两个性质截然不同的部分分别予以讨论，即浓度效应与温度效应。本章讨论浓度效应，下一章讨论温度效应。

3.1
影响浓度的工程因素

反应工程理论告诉我们，反应器型式的不同和操作条件的改变都会影响反应实际进行场所反应物的浓度。但是应该看到反应器的型式、操作方式及条件实际上是通过有关工程因素来实现对浓度的影响的，如图 2 所示。尽管反应器型式和操作条件千差万别，但只要工程因素的影响使得反应场所的 c 相同，就会有相同的反应结果。这样一种思想方法会带来巨大的方法论上的好处，以便我们可以从一个个具体的反应器及操作条件中超脱出来，站高一步用工程因素作为媒介，将反应器、操作条件和浓度联结起来。这是图 2 的一层含义。

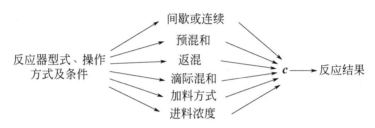

图 2 反应器型式、操作方式及条件通过各工程因素实施对反应物浓度的影响，再影响反应结果

各工程因素如何影响反应器内反应场所的浓度，在有关反应工程的书中都有详细阐述。这里，由于后面案例研究的需要，对预混合和返混作一简单叙述。

先就预混合这一典型工程因素作以简单介绍。设A、B 两反应物流进入反应器进行连续均相反应。两物流之间必首先发生混合。混合的进程实际上可分为两步：

① 一物流（设为 A）被湍流流动（搅拌或射流所

造成）撕裂、破碎成微团（其量级为微米级），而被分散在另一流体中。所形成的微团尺寸决定于湍流的强度和尺度。

② 微团与周围流体之间通过分子扩散达到分子规模的均匀。

如果反应较慢，在完成上两个步骤的短暂过程中反应量极微而可忽略，则该反应可视为均相反应，预混合对反应结果无影响。反之，如果反应极快，则在达到均匀以前已反应了相当部分，则该反应不能再视为均相反应，而是扩散伪装的反应。这时，尽管原料配比在表面上看是 $r=F_A/F_B$（其中 r 为配比，F_A、F_B 分别为 A、B 两物流的流量），但在反应场所的实际配比却不是 r。在 A 微团内，B 边扩散边反应，实际配比 r' 将远大于 r，而在微团外，A 边扩散边反应，实际配比 r'' 将远小于 r。

这时预混合区同时也是主反应区。预混合的快慢（也即生成的微团大小）将影响反应区的实际浓度配比，从而对反应结果有显著影响。

此外，返混也是连续反应器中的一个重要工程因素。在连续反应器中由于物料运动的随机性、流动的不均匀性和人为的搅拌等原因，早先进入反应器已部分反应的物料将有机会与原先进入的、反应程度较低的物料相遇而混合。这就是返混。返混的结果是：反应器各处的反应物浓度将普遍下降，反应产物的浓度将普遍上升，并且都向反应器出口浓度趋近。返混十分强烈时，反应器内各处浓度（和温度）将趋于均一并等于出口浓度，如全混釜的情形。

显然，返混同样影响到反应器内各处反应物的浓度而对反应结果施加影响。至于这种影响的利与弊，则与反应特征有关，决定于反应规律。不难看出：

① 对于简单不可逆反应，返混使反应物浓度普遍下降，反应速率下降，所需的反应器体积必然加大，返混是一个有害因素。

② 对于可逆反应，返混使反应物浓度普遍下降，反应产物浓度普遍升高，进一步加快了逆反应，返混之害更甚。

③ 对于串联副反应，由于反应产物将进一步转化为副产物，而返混使反应器各处的产物浓度提高，必将使选择性下降，因而返混是一个有害因素。

④ 对于平行副反应，返混的利弊决定于主副反应对浓度的敏感程度（反应级数）。如果主反应对浓度敏感，则返混使反应物浓度下降，其造成的结果是主反应速率下降多而副反应速率下降少，对选择性显然是有害

的。反之，如果副反应对浓度敏感，则返混是有利的。

从以上两种工程因素的分析，可以看出，一个研究者一方面必须知道有哪些工程因素，它们如何改变反应器中的浓度和温度，另一方面又必须知道不同的反应对浓度、温度有什么要求，然后把这两者结合起来，作出判断和决策。这就是反应工程理论对工业过程开发工作所起的指导作用。

图 2 还有一层含义，既然各种工程因素只能通过浓度这样一个唯一的通道影响反应结果，那么，各种对浓度产生同样影响的工程因素必定具有等效性。

例如，对某一反应 A+B——→C，如 B 的进料浓度低对反应有利，则由图 2 可知，返混也可能同样有利，因为两者都是使反应物浓度下降的。在操作方式上采用分段进料，如图 3 所示，也必定是有利的，因为分段进料也必然使反应器内的反应物浓度下降。

这种等效性可以使我们在认识反应特征之后，在考虑采取各种措施的利弊时，起到举一反三的作用。这也就是图 2 所示意的，应该从各种反应器的型式和操作中进行抽象，把反应器及其操作的特征概括为有限几个工程因素，并借以判别对反应物浓度影响的实际意义。

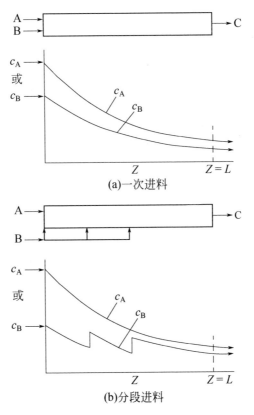

图 3　反应物 B 一次进料与分段进料浓度的比较：分段进料使 B 的
浓度降低，等效于返混效应

　　可以利用图 2 提供的概念解决两个方面的问题。如
果已经有了某一种反应器，有了一定的操作方式和一定

的操作条件，就可以构思出所有这些已定的条件在各工程因素上有怎样的反映，这些工程因素又如何影响反应物浓度，以及影响到反应的结果。当然也可以构思出在反应器构型、反应器的操作方式和操作条件作出某些改进后，即可以对某种特定反应有利。另一方面，如果面临的是一个开发任务，所了解的只是对反应结果的要求，那时可以逆图2所示的箭头而行事，即认识反应的特征，根据对反应有利的浓度条件，构思通过哪一种或哪几种工程因素的实现以保证所要求的反应结果。至于这些工程因素，是可以通过反应器的构型、操作方式和操作条件来实现的。这两个方面的问题反映了事物的两个方面，是统一于图2之中的。所以图2提供的只是一种思维方法，而不是一种一成不变的程序。

所有上述各点，都建立在各工程因素对浓度的影响，并可与反应特征结合后辨认其利弊的。上述一切讨论都是定性的。但即使如此，已经可以看出反应工程理论的指导作用。要指明这一点，是为了说明反应工程理论的指导作用不是以定量的动力学规律为前提的，似乎没有反应动力学的定量测定，反应工程理论就无从发挥指导作用。实际上并非如此，即使在定性的阶段，反应工程理论已能有着重要的指导作用。并且，实际上有时很难得到，或需要花大力气和长时间才能测得反应动力学方程。这时，与其等待动力学的测定然后再进行理论思维，还不如善于发挥定性的理论思维的指导作用。下面用一个实际的例子来说明这种定性理论思维的作用。同时，边叙边议地说明正确的开发方法论的指导作用。

3.2
丁二烯氯化制二氯丁烯过程的开发实例

丁二烯氯化工序是利用丁二烯和氯进行气相均相热氯化反应以获得二氯丁烯。其反应式如下：

$$C_4H_6 + Cl_2 \longrightarrow C_4H_6Cl_2$$

这是一个快速的放热加成反应。反应无需催化剂，即使常温也能很快地进行。产品为二氯丁烯，系无色透明液体。这个反应伴有多种副反应。

副反应产物大体分为两类，一类是氯代产物，另一类是多氯加成产物。当然，也可以既发生氯代反应又发生加成反应。由于反应很快，速率并非主要问题，重点是获得高的选择性。因此，需要进行小试工作以确定反应器的选型和优选的工艺条件。

根据反应工程理论指导的开发方法论，工作的第一步是认识反应特征。为此，为方便起见，采用如图4的小试验反应器。丁二烯和氯经 Y 形管混合后进入玻璃管反应器。反应器外绕以电热丝以调节反应管内的气体温度。这是一个异常简单的反应设备。选用这种设备丝毫不意味着工业反应装置也必须采用这种型式；同时，这种反应器也是十分粗糙的，反应器内的温度，无论是径向温度还是轴向温度，都未必均匀。取这种反应器型式只是为了方便和迅速，其目的也只是初步认识一下反应的特征。

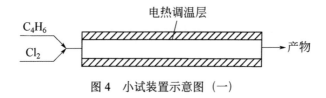

图 4　小试装置示意图（一）

首先进行了第一组的实验，观察温度的影响以试探适宜的反应温度。试验发现，这个反应即使在常温下也能快速地进行。但是，氯代产物很多，随着温度的上升，氯代产物会逐渐减少，高温时，氯代产物变得极少，其浓度只占百分之几。高温与低温的大致分界线是270℃。该组试验表明，低温有利于氯代反应，高温有利于加成反应。用反应动力学的语言，就是加成反应的活化能大于氯代反应的活化能。也就是说，通过第一组实验，认识了反应的一个特征，即反应要求在高温下进行。

通过这个实验，就可以思考，以估计这一反应特征对工业反应器提出了怎样的要求。显然，这一反应特征要求反应器内不出现低温区。那么，怎样的反应器和怎样的工艺条件才能满足这一要求？

最直接的办法自然是进行原料气的预热，然后再进入反应器。但是丁二烯容易自聚，在预热器中难免会发生自聚，造成换热面的沾污，使换热器不能长期运转。这样无疑将会使工业反应装置留下隐患。因此，从工程观点考虑，不宜采用原料预热的方法，免得后患无穷。

另一个办法是不预热原料，但利用返混使进入反应器的冷料与已在反应器中的热料迅速混合，使冷料可以立即提高到270℃以上。上节已提到，充分的返混将使反应器内各处的浓度和温度均匀并且等于出口温度和浓度。

如何实现返混？最直接的方法是机械搅拌（风扇）。

但是，这样就必须有轴封，而且这个轴封是在高温氯介质中工作的，不免引起机械上的不少麻烦问题。

能不能利用原料气的动量实现足够的返混？从流体力学原理可知，高速的射流能将周围的气体抽吸入射流，射流将呈圆锥形展开、扩大，如图 5 所示意。随着喷射的扩大，其速度将逐渐降低。因此，如果原料丁二烯和氯气以高速射流的形式喷入反应器，周围的已反应的热气体将被吸入，并借射流内部的高度湍流而迅速混合并升温。

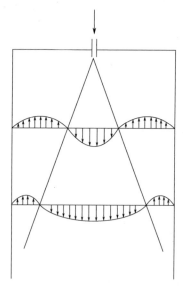

图 5　反应器内射流流动速度分布示意图

假设反应器内温度维持在 300℃，进入的冷料温度为 30℃，为了使进入的冷料迅速升温到 270℃以上，被射流吸入的气量应为进料气量的 9～10 倍以上。气体应以怎样的速度喷入才能保证这一吸入量？在没有其他数据的情况下，不妨先按自由射流来作理论计算。当然，实际上并非自由射流，而是受反应器壁约束的射流。但作为方案的可行性研究，可以先近似地作自由射流来考虑。在有关的流体力学书籍中均可找到现成的三维自由射流的计算公式以供应用。计算结果表明，射流速度在 100m/s 上下，吸入气量可达射流量的 10 余倍。100m/s 的速度并不算高，喷嘴的阻力也不会超过半个大气压，工程上是完全可以实现的。也就是说，利用原料气的动量完全可以达到所需的返混比，无需采用机械搅拌。

以上仅从所认识到的第一个反应特征（温度效应），设想了反应器应取的型式（喷射返混式）并进行了半定量的工程计算，估计了这种型式的可行性。

回顾上述的过程可以看出，这里在小试验的第一阶段已实现了第一回合的工艺和工程的结合。从反应特征出发进行了工业反应器型式的构思，并进行了工程的粗略计算。同时，也可以看出，这种工艺和工程

第3章
反应的浓度效应   51

的结合是在研究者的理论思维和工程思维中实现的。如前所述，这种工艺和工程的早期结合应产生在研究人员的头脑中。

至此，毕竟只认识了反应的一个特征。还有什么其他特征？其他的特征会不会和上述的反应器型式的构思相矛盾？

依上面所述，在构思中已从小试走向了大型工业反应器，但其唯一的特征是返混（到目前为止）。那么，返混会不会影响反应的选择性？这样，又从构思中的大型工业反应器回到小试验中来，要用实验来探索返混会不会引起选择性的变化。

显然，直接的方法是制造一个小型的返混式的反应器，观察不同的返混程度会不会影响到反应的选择性。但是，制造一个小型的返混式反应器是有其困难的。如果采用机械搅拌式反应器来模拟喷射式反应器，很易理解在如此小型的反应器中装置机械轴封是很困难的事。如果直接制造一个小型的喷射式反应器，其喷口直径必定十分细小。这样，不但难于加工，难于安装，而且微小尘粒的出现都有可能会使之堵塞而使操作瘫痪。

实际上，为了回答返混是否会影响选择性的问题，并不一定需要进行直接的返混式反应器试验。根据图 2

的思想方法，返混也不过是一种影响浓度的工程因素。如果在实验中用其他手法使浓度的改变犹如返混作用所致，同样也可以从反应结果来揭示返混的作用。返混对何种反应有害，对何种反应有利，在反应工程理论中已经有明确无误的结论，问题在于识别所处理的反应对象属于何种反应。在识别这一点后，就可判断返混的利弊。

丁二烯氯化中氯代副反应已因高温而被相对地抑制，剩下的问题是多氯加成。多氯加成反应的发生有两种可能的途径，如图6所示。

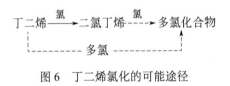

图6　丁二烯氯化的可能途径

图6表明了可能存在的副反应，其中之一系平行副反应，另一为串联副反应。当时并不了解，究竟多氯化合物主要由何种途径形成。但是，从反应工程理论可知当反应伴有平行副反应时，只有当副反应对浓度的级数小于反应级数时，返混才是有害的。显然，直接多氯加成意味多个氯分子同时与丁二烯作用，并可以推测速率

对氯浓度必然较为敏感，其对氯的级数决不会小于主反应。由此可以推测，即使存在着平行副反应，返混不会有害，于是问题就在于串联副反应。存在串联副反应时，返混必将引起选择性的下降。

由此可见，在回答返混反应器是否适用于这一过程的问题时，关键在于是否存在串联副反应。如不存在，则返混无害；反之，则返混有害。至于平行副反应直接多氯加成是否存在，则是无关紧要的。

这样，回答返混反应器是否会降低选择性的问题与回答串联副反应是否存在这一问题是等价的。但是这一命题的转化，即将实验探索返混反应器对选择性的影响转化为探索串联副反应是否存在，却使实验工作大为简化。为了回答后一问题，无需设计制造返混式反应器，仍可以在前述的玻璃管反应器中进行实验。实验中可以使二氯丁烯气化后与氯混合然后进入反应器，考察产品中是否出现多量的多氯化合物。如果确实如此，则必有串联副反应，也就说明返混将是有害的。反之，则不存在，表示返混将对选择性无害。

于是进行了第二组实验，装置如旧，只有丁二烯进料被二氯丁烯进料所取代。

从第一组实验到第二组实验之间，经历了一系列的工程思维和理论思维。经过工程思维，构思了工业反应器的型式并据此提出了返混是否会从另一方面"加害于"选择性的问题，即返混有利于相对地抑制氯代反应从而有可能有利于选择性。另一方面，会不会因此而增加多氯加成，结果反而降低选择性？所以继之，经过理论思维，将上述命题转化为是否存在串联的多氯加成的问题。正是这样的命题转化使实验设备和实验工作大为简化。这里，相当典型地体现了工程思维（工艺和工程的结合）和理论思维在开发实验中的指导作用。

如果采用逐级经验放大方法，那么，从此试验就应在返混式反应器中进行以考察不同返混度的影响。而从以上论述中可以看出，尽管只是在管式反应器中进行实验，同样可以回答返混式反应器中所需回答的问题，实验可简化，回答的却更为本质，更加深刻，更带有推理性，可以直接给出反应特征——是否存在串联副反应。

可见在反应工程理论指导下的实验并不要求试验设备与工业放大后的设备同型。在小型返混式反应器中进行小试验是在追求"形似"。在玻璃管反应器中进行第二组实验则是着眼于"意合"。在实验工作中如能贯彻"意合"而不追求"形似"，往往可以大大简化实验而结果却更深刻。反之，则可能发生"貌合神离"的问题。逐级经验放大方法有时导致失败，其原因正是各级之间"貌合神离"。实验的目的和实验的手段之间可以有很大的距离，而其间可以靠理论思维的链条联结起来。这里反应工程理论的指导和正确的方法论的指导被融合在一起。理论思维使从"形似"中解脱出来而着眼于"意合"，由此而使实验工作大大简化。

这里有必要对小试验的目的进行进一步的讨论。小试验的直接目的是确定反应器的选型和合适的工艺条件。但是小试验的实验方法、实验计划的安排，却是从认识反应特征着手。将实验中认识到的反应的特殊性和从反应工程理论知识所得到的反应器的共性，通过工程因素结合起来，进行构思和设想。

即使就认识反应特征而言，也不是从一般地认识反应的全面特征着手。如果简单地、机械地认为开发的第一阶段是认识反应特征，那么，只能全面地不加选择地去设法认识反应特征。何时才算已经全面地认识反应特征？如何去获得全面的认识？当然，最全面的回答是系统测定反应动力学方程。可是，测定全面的反应动力学方程谈何容易，这是一项细致的学院式的工作。而且在开发工作之初就进行如此学院式的研究，未免已带有一定的学究气了。

从这一个实例中可以看出，并不机械地追求全面的认识，而是从返混是否有害这一命题出发提出是否存在串联副反应的问题。也就是说，是从工程角度有针对性地提出需要认识某种反应的特征。为了研究返混是否有害，完全可以无视平行副反应是否存在这一事实，从而简化了实验。工程问题的特殊性使实验得以简化。作为研究普遍规律的物理实验，应当了解反应的全面特征。但是，作为工程实验，为了解决面临的特定问题，无需了解全面特征，只需要了解是否存在串联副反应这一特征就够了。

这里，还可看到某一种新的实验计划安排方式。在进行了第一组试验，得到某些事实、获得了某些认识以后就"神游"到尚不存在的大型工业反应器中，进行了一定的探索，得到新的启迪，然后又返回到现实的小试验中寻求新的认识，组织新的实验。这和过去常用的一次安排实验，一次进行数据分析和数据整理的实验计划安排方式有很大的差异。这里反映出实验的计划安排中的序贯性质，即利用初步实验的结果，进行信息加工和理论思维，然后作出进一步实验的计划安排。这样更符合认识论的原则，从感性到理性又回到感性，如此反复，直到认识完成。其实，在开发工作之初，在对对象全无了解或很少了解的时候，又如何能作出合理的全盘的实验计划呢？根据新的情况确定新的实验安排，即实行实验的序贯设计才是唯一合理的实验计划方法，这是不难理解的。

以上这一套议论，都离不开第 2 章所述的两条原则，即开发工作应在反应工程的理论指导下和正确的实验方法论的指导下进行。

现在，再看看第二组实验提供了何种信息。从实验结果发现对于选择性是很不利的。产品中出现大量的多氯化合物，说明二氯丁烯很易进一步氯化。串联副反应的存在确证无疑。

这样，第二组实验所揭示的第二个反应特征与第一组实验揭示的第一个特征就处于开发工作中对立的地位。氯代反应的活化能低，加成反应的活化能高。这一特征要求采用返混式反应器，串联副反应（多氯加成）的存在又要求避免返混。反应的温度效应要求采取返混式，反应的浓度效应则又要求限制返混，返混抑制了氯代却又加剧了多氯加成。

于是，面临了两种选择：或是放弃返混方案，寻找抑制氯代的其他措施；或者坚持返混式，寻找其他的抑制多氯加成的措施。对于前者，无计可施，于是作出了后一种选择，试图寻找抑制串联副反应的方法。

此时，需要"对付"的只是主反应和串联副反应。从选择性的定义出发，

$$S = \frac{\text{目的反应速率}}{\text{总反应速率}} = \frac{\text{总反应速率} - \text{副反应速率}}{\text{总反应速率}} \quad (1)$$

为了进一步将选择性（S）展开成各项浓度的表达式，必须知道主副反应的动力学规律。而在实验的这个阶段，还没有进行过任何动力学测定，因而并不知道反应的动力学规律。我们只能暂时地假设反应对各反应物的浓度都是一级的。如主反应速率常数为 k_1，串联副反应常数为 k_2，于是选择性为：

$$
\begin{aligned}
S &= \frac{k_1[\text{C}_4\text{H}_6][\text{Cl}_2] - k_2[\text{C}_4\text{H}_6\text{Cl}_2][\text{Cl}_2]}{k_1[\text{C}_4\text{H}_6][\text{Cl}_2]} \\
&= 1 - \frac{k_2}{k_1}\frac{[\text{C}_4\text{H}_6\text{Cl}_2]}{[\text{C}_4\text{H}_6]}
\end{aligned}
\quad (2)
$$

由这个表达式可以看出，提高选择性的唯一重要途径是提高丁二烯浓度。即使假设的级数与实际的有些出入，但仍足以说明过量的丁二烯可能将显著地提高选择性。

反应的选择性是变化的。反应的末期，二氯丁烯浓度最高而丁二烯浓度最低，因而选择性最低。充分返混时，反应器内各处将都处于这样的恶劣条件下。因此过

量丁二烯的作用应当在这样的恶劣条件下加以检验，以观察过量措施是否有效。

实验仍在前述的简陋的管式反应器中进行。改变的只是进料。进料中不仅含氯、含二氯丁烯而且含有一定量的丁二烯，模拟反应末期的条件。考察多氯化合物的生成情况。这就是进行的第三组实验。

第三组实验的结果令人鼓舞：在过量丁二烯存在下，几乎没有明显的多氯化合物的生成。这证明过量丁二烯的作用是显著的，借式（2）所作的分析虽然只是粗略的定性分析，但却是有效的。

这里，可以回顾分析一下是如何组织第三组实验的。第三组实验的任务是寻找在充分返混的情况抑制串联副反应的措施。

当然，不能单纯地进行尝试误差或经验搜索，而是采用理论的分析。在进行理论分析时，原先应当是从反应动力学规律出发，而实际上，也不可能在开发阶段进行这种快速反应的动力学测定。但是，作了一些粗略的假定后，仍可进行理论分析。当然，由此作出了推论和判断，不可能有任何定量的意义。但是，并不排斥它们具有重要的定性的价值。由此可以引出一个过程开发方法论的重要结论：没有定量的动力学方程，仍然可以把开发工作置于反应工程理论的指导之下。动力学测定并不是必要的前提。重要的是，研究者应当能够灵活地运用反应工程理论指导开发工作的进行。

当然，这种对动力学的粗略假定带来了一定的不可靠性，由此引出的推论必须由实验来检验。但是，有或是没有理论分析是完全不同的。没有理论指引，所进行的实验将完全是搜索实验。有了理论预测，实验的目的就转化为检验理论预测。显然，检验性的实验比搜索实验要简单得多，而由此证实的结论和实验相一致的结果，是更为可靠的。

以上三组实验的结果确定了反应器的选型：喷射返混式反应器；也确定了大致的工艺条件：温度在 300℃上下，丁二烯过量。

下一步工作应是进一步确定反应器的结构尺寸和优选的工艺条件。在完成这一步工作时，更应充分考虑工程问题所给予的约束。

首先考虑结构尺寸。通常，反应器的体积决定于反应速率。对丁二烯氯化反应来说，反应速率极高，实际所需的反应器体积不大，此为其一；同时，反应器体积过大并无害处，因为氯一旦反应完，即使有多余的反应器体积，也不致造成不良后果，此为其二。由此两点可以看出，反应器体积以及结构尺寸对反应结果不应该有直接关系。另一方面，从工程角度考虑，反应器内必须保证有足够大（10:1）的返混，反应器的体积、反应器的结构尺寸应当满足这一基本要求。换言之，反应器的结构尺寸主要不决定于反应规律，而决定于足够量返混的形成。

如图 5 所示，射流呈圆锥形展开，经一定距离后，线速才降至一定的程度，由此可以决定反应器的长度。在该位置，呈圆锥形扩展的射流有一定直径，反应器直径必须较此直径大并留有一定余地以便使气流能返回到喷嘴口附近。由此可以决定反应器的直径。这些是确定反应器尺寸的原则，只需进行适当的冷模试验，就足以确定合适的反应器尺寸以保证所需的返混比。

其次，考虑合适的原料配比。在规定产量下，氯流量被相应地规定了，反应的热效应也随之而确定了。若反应热不足以将冷料升温到规定的反应温度 300℃，那么反应器内必须有供热装置。反之，如果反应热过剩，则必须有冷却面以移去热量。不论供热还是冷却，都存在着传热问题，都存在传热面的沾污问题，都会造成操作上的隐患。诚然，最简单的方法是调节丁二烯流量，使反应热恰好等于冷料升温所需的热量。这样，反应器可以实现绝热操作。根据绝热反应的要求，进行热衡算，可得原料中丁二烯和氯的配比应为 4:1。这样的丁二烯过量比已足以达到选择性的要求。因此，实际的配比并不决定于选择性的要求，而是决定于绝热反应器的要求。显然，这一点又反映了工程的约束强于工艺的要求。

从以上两点，可以清楚地看到，工程问题的特殊性如何简化了实验。反应器的结构尺寸不是由反应实验搜索确定的，而是由冷模试验按返混要求确定的。优选的配比也不是由反应实验按反应结果选定的，而是由绝热反应条件经热衡算决定的。充分利用反应的特殊性和工程问题的特殊性大大简化了实验。在小试验中实行工艺和工程的早期结合并不一定增加试验的复杂性，反而可能使实验简化。

这一实例说明的开发过程与逐级经验放大方法完全不同。开发过程中并不存在由小至大的放大过程。工业装置将采用的是绝热返混式反应器，而小试验中采用的却是管式的近于恒温式的反应器。反应器结构尺寸和工艺条件的确定也不是经验得来的，而是有一定理论依据，从反应特征和反应器特征相匹配而得出并经实验验证的。总之，这一实例说明反应器的开发过程中没有"放

第 3 章
反应的浓度效应 63

大"的痕迹，也很少有纯经验的特征。

同时，其开发方法与数学模型方法也迥然不同；既没有反应动力学方程，也没有传递方程。

但是，全部开发过程都依赖于反应工程理论的指导，都注意到利用反应对象的特殊性和工程问题的特殊性进行实验，体现了实验工作的简化，也就是说，紧紧地依靠第2章中所叙述过的两条基本原则。

开发工作并没有到此为止。至此，所有的认识、所有的决策都必须综合地接受实验的检验。为此，建立了一个年产25t的模试装置。其他的条件都如上述，只是改变了丁二烯和氯的进料方式，把喷嘴改为一同心双喷嘴。氯气因进料量小，通过内管喷出，丁二烯因进料量大而从环隙喷出。两股气流都以100m/s的速度喷入反应器。

这一模试装置开车的几小时后，系统即被堵塞，拆开后发现到处都是暗黑色的粉末。这是大出意料的现象。在小试验中只看到无色透明的二氯丁烯凝液，从未见到过此种黑色粉末。显然，从小试验中已经取得认识和经验已无法解释这种现象的发生。

经过反复思考，从理论上对每一环节逐个地进行复审，可以认为，凡是已经确定了的各项决策都是有理论依据，并经过实验检验的。唯一没有仔细考察过的是氯和丁二烯的进料方式。小试验中氯和丁二烯是经由 Y 形管预混合后进入反应器的。模试中由于考虑到氯和丁二烯在低温下也会反应，因而是分别由喷嘴喷出后在反应器内混合的。这种预混合方面的变化并没有事先在小试验中进行过考察。为了弄清楚预混合的优劣是否会影响到反应进程，是否会影响到黑色粉末的生成，又重新进行了小试验。原料气氯和丁二烯不经 Y 形管预混，分别从两侧直接进入反应器，如图 7 所示意。结果出现了意料中的大量黑色粉末。原先只认识到反应是快速的，但是没有领悟到反应快速到已使预混合成为重要问题的地步。实际上如果氯和丁二烯预混合得差，氯气微团较大，丁二烯向氯气微团扩散时边扩散边产生反应。此时局部反应条件已不是丁二烯过量而是氯大大过量，过量的氯能使丁二烯上的氢全被氯所剥夺生成大量氯化氢，在高温下裂解形成结碳。这样，模试中碳粉的出现就可以得到解释：是模试反应器中氯和丁二烯的预混合不良所致。也就是说，喷嘴应有两重作用：一是预混合；二是返混。以往只是着重于返混而未着眼于预混合。此外，一些偶然的因素，如安装不妥等也会造成偏流喷射，也会造成预混合的不够。然后，进行了大量工作改善了喷

第 3 章

反应的浓度效应　　65

嘴的加工精度，终于解决了上述问题，实现了几千小时的连续操作。

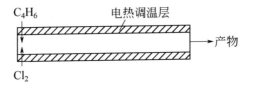

图 7 小试装置示意图（二）

模试中出现的波折是否表明了上述开发工作中方法上的错误？并不是这样。相反，却是进一步表明了第 2 章中所述的两条原则的重要性。快反应中预混合问题的重要性是在理论上已知的。实验中既然已发现了配比对选择性的重要意义，那么就应该预期到预混合不良会使实际反应场所的反应物配比与理想的配比有很大差异，必定会使选择性下降。问题在于没有进行实际的检验：丁二烯氯化反应究竟快到什么程度，是否会使预混合成为一个关键问题？这显然是理论上的严重疏忽。

事后，曾经试图实测一下反应究竟迅速到什么程度。在实验中不断提高空速，直到尾气中出现未反应氯，再记录下那时的"极限空速"。然后，换上更细的 Y 形管，发现"极限空速"发生改变，也就是更高了。这就意味着，更细的 Y 形管，更好的预混合能提高"极限空速"，减少所需的反应器体积（平均停留时间低于 1s）。也就是说，这时，过程仍受到预混合的控制。这种现象一直延续到如同采用注射针头那样细的 Y 形管，可见反应速率之高。实际上，如果早先在小试验中检验一下 Y 形管尺寸对总结果的影响，那就会对这一反应中预混合的重要性及早觉察，模试中的这一段弯路也完全可以避免。因此，这一波折不应该认为是开发方法上的错误，而应当认为是由于没有彻底地贯彻反应工程理论指导这一原则。

从方法论方面检查，小试验的作用不只是获得最优的结果，而且应该发现隐患、揭露隐患，如果说，小试验的前期应当着力于报"喜"，那么，小试验的后期应着眼于报"忧"。报"喜"是为了及时证实过程的现实性，得出有利的评价，增强继续开发的信心。报"忧"则是找出指标恶化的条件。如果看到这些恶化的条件在实际上、在放大过程中不致出现，那么，报道的实际上不是"忧"而是"喜"，它表明放大过程易于成功，增强了放大过程中的信心。反之，如果这种恶化的条件在实际上是很可能发生的，那么，应当预先设想预防的措施，甚至应当改变原方案。总之，小试验不应当单是寻优，而且也应当寻"忧"。

3.3
三聚甲醛过程的开发实例

　　甲醛三聚制三聚甲醛历来是以硫酸作催化剂进行均相催化三聚的。安徽省化工研究所开发了一种采用树脂催化剂的非均相催化三聚新工艺。安徽省化工研究所进行了大量工艺研究，获得了成功。华东化工学院在此基础上进一步进行过程优化工作，为设计提供依据[*]。

　　甲醛三聚制三聚甲醛系一可逆反应。反应热效应很小，平衡转化率很低，且随甲醛浓度而变。安徽省化工研究所经过大量研究，确定了适宜的甲醛浓度和反应温度。在所推荐的条件下平衡转化率只有 4%～5%。因此，单程转化率必然很低，反应器出口物料中必然含有大量未反应甲醛。工业生产中，自然必须有一个精馏分离装置配合反

---

[*] 崔益尤. 用 A-15 甲醛合成三聚甲醛的过程开发和优先. 上海：华东化工学院，1983。

应，将反应后的三聚甲醛分离作为产品，将未反应的甲醛水溶液返回反应器。换言之，工业化时，必须实行反应和精馏的联合操作，如图8所示。

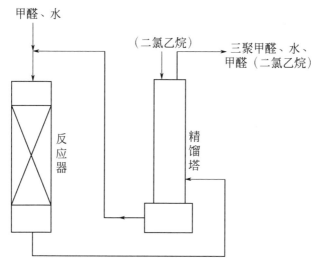

图8　三聚甲醛生产流程图

在三聚甲醛的分离过程中因甲醛发生水合现象，其挥发度较三甲聚甲醛为低，因此，三聚甲醛作为塔顶产物而甲醛水溶液则作为塔底产物。分离装置的任务不单是分离出三聚甲醛，而且还必须分离出一定量的水，以保证系统中的水平衡。安徽省化工研究所在塔中加入一定量的二氯乙烷，作为带水剂。塔顶产物冷凝后分为两层：一层是二氯乙烷层，或称油层，三聚甲醛主要在油层；另一层为水层，水层中含有少量甲醛。水层部分作为回流，部分排出，以保证水平衡。排出水中所含少量甲醛在另外的装置中提浓后重新用作反应原料。显然，该分离装置中同时发生两个分离过程，完成了两项分离任务：

① 三聚甲醛和甲醛的分离；

② 水和甲醛的分离。

课题的任务是在已确定的原料甲醛水溶液浓度及反应温度下寻求反应—精馏联合装置的优选条件。首先应解决的是如何寻优的问题。

直接用实验寻优有着很大的困难，因为：

① 该系统是一个多变量系统，变量既包括有关反应的各个变量，如循环比和反应器体积（催化剂量）等，又包括分离的各个变量，如回流比、塔板数、二氯乙烷用量等，实验工作量很大。

② 优选必须涉及经济性，如能耗等，而在小试验中由于热损失，很难测定真正的回流比。

③ 实验装置内有相当的液存量，测取数据时必须确保系统达到定态操作。贮量愈大，达到定态所需的时

间愈长。而且该系统不仅要保持进出总物料平衡，还要保持水平衡。因此，测取一个实验数据就可能需要持续几十小时。

根据以上三点，直接在实验装置上寻优是既繁复而结果又不可靠的。因此，必须寻求简便而又可靠的方法。

首先，应当理解该过程优化的实质。该过程的主要消耗是：

① 反应部分：催化剂用量；

② 精馏部分：精馏能耗。

在规定产量的情况下，催化剂用量决定于反应速率。由于反应可逆，总的反应速率取决于反应器的进出口三聚甲醛的浓度。如果进口三聚甲醛浓度偏高，反应接近平衡状态，反应速率低。反之，如果进口浓度偏低，则远离平衡状态，反应速率高，单位产量所需的催化剂量即少。进口和出口三聚甲醛浓度相比较，更重要的则是进口三聚甲醛的浓度。因为，出口浓度一般变化幅度较小，特别是在催化剂用量较多、空速较小时，出口浓度一般趋近于平衡浓度，因而变化较小。而进口三聚甲醛浓度则可以有较大幅度的变化。由此可知，催化剂单耗主要决定于进口三聚甲醛浓度。进口三聚甲醛浓度低，催化剂单耗即少，反之则多。

精馏部分的能耗主要是精馏釜的能耗，其值主要取决于回流比。精馏塔的设备费一般所占极微。因此，如以无穷板数作为一个计算的极限，则这时能耗主要取决于最小回流比。采用如图 8 的精馏装置时，最小回流比与精馏塔进料浓度（也就是反应器出口三聚甲醛浓度）无关，仅与循环液中三聚甲醛浓度（也就是反应器进口三聚甲醛浓度）有关。进口三聚甲醛浓度愈低，则最小回流比愈大，精馏能耗愈高。

由此可见，该反应—精馏联合装置，就经济指标而言，两者是对立的。要降低反应部分费用，则进口三聚甲醛浓度应低。反之，要降低精馏所需能耗，三聚甲醛浓度应高。两者对该三聚甲醛浓度的要求是矛盾的。优化的核心是确定最优的三聚甲醛浓度以便使总费用最低。

于是，只要对反应部分求得规定产量下所需催化剂用量与进口三聚甲醛浓度的关系，对精馏部分则应求得最小回流比与三聚甲醛浓度的关系，从而就不难求得最优的反应器进口三聚甲醛浓度。

这样，从方法论角度上看，就是将总过程分解为反应过程和精馏过程，分别求出各自的规律，然后联立计算寻优。这就是过程分解—综合的研究方法。

首先考虑反应部分规律的测定。

典型的研究方法是，首先测定反应动力学方程，它是一个微分方程：

$$r = f(\boldsymbol{c}, T) \tag{3}$$

然后，积分求得产物量 P 与进料量 F、进料浓度 c_F 和反应器体积 V_R 间的关系，

$$P = \varphi(\boldsymbol{c}_F, V_R, F) \tag{4}$$

再处理成下列形式，V_R/p 为单位产物量所需的反应器体积：

$$V_R/p = \eta(\boldsymbol{c}_F, F) \tag{5}$$

此即为所求的反应部分规律。这样，就需要进行系统的动力学测定以获得动力学的微分表达式。

这种方法是适用于一切过程的普遍适用方法。就所处理的特定工程问题而言，未必一定要采用这种普遍适用的方法。应当随时间一问，该特定的工程问题有什么特殊性可利用，以便简化实验。

稍加分析就不难发现：

① 该过程热效应小，转化率低，因此，反应器内

基本上是等温的。反应器的形式为固定床，其中流体的流动基本上是均匀的。反应并不快，在保证足够的线速度后基本上可以排除外扩散的影响。这样，整个反应器的性能唯一地决定于反应规律。

② 工业上使用的场合是明确的，总是积分反应器。因此，完全可以直接用实验测定反应装置的积分形式的规律，即式（5），而无需先求得积分动力学，然后再积分获得式（5）的形式。

这种实验是异常简便的。选取一定量的催化剂，以一定的流量通过事先配置的不同三聚甲醛进口浓度的原料液，分析进口浓度即可。这里没有长时间逐渐达到稳态的问题，没有保持总物料平衡和水平衡的问题。实验安排就如同一般积分反应器的条件试验，将是非常简单及省时的。

同时，按这种方法测定，还可根据对象的特殊性作出如下三个简化：

① 该系统原来涉及三个组分：水、甲醛、三聚甲醛。由于转化率极低，水和醛的变化极少，可以近似地视为常数。只有三聚甲醛浓度才有较大的变化。这样可以把原来的三元系统简化为一个一元系统来处理。这就是为什么前面都只提三聚甲醛浓度的原因。因此式（5）

中就只出现进口三聚甲醛浓度 c_F，而不再是各种反应物的进口浓度 c_F。

② 直接测定积分形式的反应规律，所得规律必定可以写成代数方程的形式，而不是必须写成微分方程的形式而后再行积分。在数据处理上，微分方程的拟合较之代数方程要困难得多。

③ 由于进口三聚甲醛浓度的变化范围很小，在狭小的范围内可以近似地线性化，因此，待求的反应规律可以用线性代数方程表达。大家都知道，用实验求线性关系是再简单不过的。

因而如果按典型的数学模型方法求取动力学方程，那么，这个方程将是三元系统的非线性微分方程。而现在所要用实验求取的则只是一元线性代数方程。其简化程度是显而易见的。

回顾一下这些简化的来源，低转化率是反应物系的特殊性；有限的可行域，直接使用固定床反应器则是特定工程问题的特殊性。正是充分利用了对象的这些特殊性才得到最后的简化。

所得到的一元线性代数方程也可称为该反应装置的数学模型。与正规的数学模型方法所得模型的区别之处是，这里所得到的数学模型不是机理的而是经验的，只是反映变量的外部联系。但是，这一简化了的过程，可以用外部联系来反映过程的内在规律，从实用角度来说能解决所需解决的问题。

第 1 章中已经论述过，逐级经验放大方法着眼于外部联系而不求其内在规律，带有经验的性质而不探其内在机理。数学模型方法则相反。但是，从这一例子可以看到，此处只求得经验性质的、描述变量外部联系的关联式已完全可以满足要求，而实验更为简单。可是，手段必须为目的服务，方法必须与实用相适应。

现在再考察精馏部分的规律。对精馏部分，需要知道最小回流比与三聚甲醛浓度的关系。为此，必须知道该溶液的相平衡。

该物系涉及四个组分：水、甲醛、三聚甲醛和二氯乙烷。如按传统的方法，则应测定四元系统的相平衡。这是十分费时费工的工作。因此，仍然必须寻找对象的特殊性和简化实验的途径。

首先分析一下二氯乙烷的作用。原先曾以为二氯乙烷是夹带剂，它有助于水和甲醛的分离。但在实验的小型精馏塔中发现，在二氯乙烷进口以上的各塔板上，水、甲醛和三聚甲醛的比例不因二氯乙烷的引入而有所变化。显然，二氯乙烷并不影响精馏分离的进程。后来发现，二氯乙烷的唯一作用是在蒸气冷凝后从冷凝液中萃取分离三聚甲醛，使三聚甲醛得以从水相中分离出来。由此得出二氯乙烷无需在塔中加入，完全可以由塔顶加入的结论。因此，在考虑精馏规律时可以将二氯乙烷排除在外。简单测定三聚甲醛在水相和油相中的分配系数，就可确定所需的二氯乙烷的加入量。

精馏塔中同时发生着两个分离过程，三聚甲醛与甲醛的分离过程和水与甲醛的分离过程。需要弄清的是，这两个过程中哪一个实际上决定着最小回流比。如果是水和甲醛的分离决定最小回流比，那么，最小回流比与三聚甲醛浓度无关，反应精馏装置优化问题也就不再存在了。如果最小回流比决定于三聚甲醛和甲醛的分离，那么，考虑相平衡时只需考虑三聚甲醛和甲醛水溶液两个组分。小型精馏塔试验中证明决定最小回流比的不是甲醛—水分离而是三聚甲醛—甲醛的分离。甲醛水溶液可以近似地作为一个组分。

通过二氯乙烷作用的分析和两个分离过程的对比分析，将一个四元系统的相平衡问题简化为二元系统的相平衡问题，问题得以大大简化。

再进一步，考虑到三聚甲醛的最高浓度在 4%～5% 以下，属稀溶液。因此，很可能按线性处理，即以亨利定律的形式表示实用范围内的相平衡。

于是，通过简单的实验证实了上述简化的合理性，并测得了亨利常数，从理论计算出最小回流比，并为实验的小塔精馏所证实。

我们回顾所作简化的过程：

由于物系的特殊性，排除了二氯乙烷，将四元系统简化为一个三元系统。

由于在三聚甲醛—甲醛分离和甲醛—水分离这两者中，前者决定最小回流比，因此，上述三元系统可以进而简化为一个二元系统。

由于工程问题的特殊性，即由于所处理的只是稀溶液，而可以依照亨利定律，相平衡在有限的实用范围内可按线性处理。

这样，将一个复杂的四元系统的相平衡测定问题简化成为二元系统的亨利常数的测定问题。

但是，应当看到，这样的简化只能用以求取最小回流比。如果要进行塔板数的理论计算，仍然需要全面的相平衡数据。由于我们需要解决的精馏—反应联合装置的优化问题，为此在精馏方面所需知道的只是最小回流比，才使上述简化成为合理。可见，正是这个特殊性带来了简化的可能性。

由于这个简化，所有的实验工作得以在半年中完成。但是在该研究生将论文提交答辩时却出现了有趣的现象。研究生自己总感觉到最终的模型是线性代数方程，似乎水平较低而羞于见人。实际上，数学模型的核心本身就是简化。数学模型的优劣就决定于保持等效性的前提下其简化程度的高低——愈简愈优。同时，在提问时，有人问及其所采用的方法固然很好，但似乎有较大局限性，他的意见是这种方法似乎不能用于其他情况。殊不知正是这种局限性才体现了正确的实验方法论，即充分利用对象的特殊性以实现简化。局限性似乎是个贬义词，但是，从正确的实验方法论角度看，它却应当是个褒义词。

第4章

反应的温度效应

温度是一个重要的影响因素。对于简单反应来说，温度影响其速率。速率对温度的敏感程度取决于该反应活化能的大小。对于伴有副反应的复杂反应来说，只要主副反应的活化能不相同（这是通常的情况），温度将影响其选择性。选择性对温度的敏感程度取决于主副反应活化能的差别。这是反应的特征。

4.1

影响温度的工程因素

从工程角度看，对于特定的反应，不仅存在着一个合适的温度水平问题，而且还存在着一个合适的温度分布和温度序列。在连续反应器中，在物流流动方向（或称轴向）上可以自然地形成一定的温度分布，或人为地造成一定的温度分布，这一分布称为温度序列。这一温度序列，也会明显地影响反应结果。图 9 表示几种温度序列。

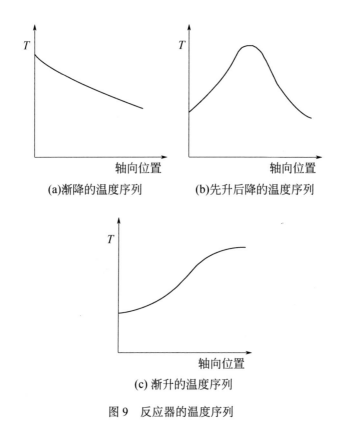

(a)渐降的温度序列　　　　(b)先升后降的温度序列

(c) 渐升的温度序列

图9　反应器的温度序列

　　同时，如果反应有热效应，需要供热或冷却，那么在供热或冷却的方向上（通常是横向，或称径向），也会形成一定的温度分布。也就是说，在考虑温度效应时，不仅要考虑到温度的水平而且也要考虑到温度序列和温度分布。

　　不同的反应会要求不同的序列，例如下列平行和串联反应构成的复杂反应：

$$A \xrightarrow{\ 1\ } B \xrightarrow{\ 2\ } C$$
$$\quad\ \xrightarrow{\ 3\ } D$$

其中 B 是目的产物，C 和 D 为副产物，$B \longrightarrow C$ 为反应的串联部分。如果其活化能 E_2 大于主反应的活化能 E_1，即 $E_2 > E_1$，显然，为了相对地抑制串联副反应，低温是有利的。与之相反，还存在着一个平行的副反应 $A \longrightarrow D$，其活化能 $E_3 < E_1$，为相对地抑制平行副反应出发，高温是有利的。这样，平行副反应和串联副反应同时存在，且其活化能的值位于主反应活化能的两侧，使适宜温度的决策处于两难的境地。此时，可以有两种决策。一种是权衡得失，选择一个适宜的温度兼顾两者。另一种是造成适宜的温度序列。就上述反应而言，反应前期，平行副反应是主要矛盾，此时应选择高温。后期，串联副反应是主要矛盾，应以低温为宜。由此可见，此反应要求一个先升后降的温度序列。

　　如果反应仍如上述，但活化能的相对数值发生了变化，那么，就可能根据活化能的数值要求其他有利的温度序列。诚然，还可能有其他种反应的组合和活化能值的组合，反映在对温度序列的不同要求上。

如果反应没有热效应，所需要的温度分布和温度序列可以人为地造成，则可以通过加热和冷却，包括分段加热和分段冷却，以造成不同的温度分布和温度序列。当反应具有热效应时，化学反应可以自发地造成反应器内某种温度分布和温度序列。例如，在列管式非均相催化反应器内进行放热反应时，如管外冷却介质保持恒温，则在反应前期反应物浓度高、反应快、放热多，后期则反应物浓度低、反应慢、放热少，反应器内会自发地形成如图 10 那样的温度序列，在反应器内会出现热点。

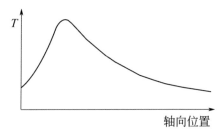

图 10　列管式固定床反应器的典型轴向温度分布

如果这种自发形成的温度序列不符合反应的要求，则可以调动各种工程手段改变这种序列。例如，可以通过降低反应气体进口温度、在前半部稀释催化剂、降低冷却介质温度、提高线速度等措施使热点后移，从而造成如图 11 那样的温度序列。

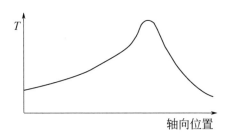

图 11　列管式固定床反应器的轴向温度分布（与图 10 相比热点后移）

　　总之，从上述说明可以看出，对于反应的温度效应，与反应的浓度效应相仿，同样存在着两个方面。一方面体现了反应的特征，即反应对温度、温度分布和温度序列的特定要求；另一方面应体现出工程因素和工程手段的影响，它们可影响反应器内实际形成的温度、温度分布和温度序列，从而影响反应的结果——反应速率和选择性。

　　根据这一观点，可以试从不同的开发方法着手讨论。

　　逐级经验放大方法仅着眼于反应过程的外部联系，因此并不研究反应特征和反应对温度的要求，也并不考虑小试验中实际形成的温度序列和温度分布，当然也不会去分析放大后这些温度序列和温度分布会发生怎样的变化，从而会使反应结果恶化。这就是逐级经验放大方法容易失败的内在原因之一。

数学模型方法显然与之相反。数学模型方法从复杂反应动力学方程出发，结合流动、传热和传质方程，联立求解，或在计算机上进行数值求解和寻优，由此提出大型反应器应有的合理结构和操作条件，以便形成合理的温度分布和温度序列。但是，其前提是，必须具备可靠的复杂反应动力学方程，可靠的流动、传热和传质方程。然而这两者却不都是可以轻而易举地获得的。在缺乏这种必要前提的情况下，数学模型方法尽管相当科学，但也是无从实施的。

这样，在温度效应方面，同样经常处于中间状态：既不能完全地采用数学模型方法，但又不甘心纯经验的方法。尤其应当注意到的是，温度对反应结果的敏感性远大于浓度。因为反应速率对浓度的依赖关系常是成幂数形式的，而幂很少大于 2。反之，温度对反应速率的影响成指数形式，其影响大得多。正因为如此，对温度更应给予足够的重视。

按照第 2 章中阐述的两个原则，首先应当通过小试验认识反应特征，弄清特定反应对温度、温度分布和温度序列的特定要求，并且通过小试验构思反应器型式、反应器结构和反应器操作条件，判断工业反应器是否可能达到上述特定要求，以及是否容易达到上述要求。如果反应结果对温度分布和温度序列很敏感，而在工业反应器中不易达到所预期的要求，则应在小试验中从工艺上寻找措施以缓和对反应的要求，以便于工程放大。

这样，就可以理解，同样要求在小试验中实现工艺和工程的早期结合。而这种结合同样是产生在研究人员的头脑中。

以上叙述的是反应器内轴向的温度序列和横向的温度分布。对于非均相催化反应，还存在另一种温度变异问题，即流体温度和催化剂温度之间的差异。催化剂表面是反应实际进行的场所，因此，讨论反应的温度效应时应当着眼于催化剂表面的温度，而不是催化剂颗粒间隙的流体主体的温度。但是，催化剂表面的温度是难以直接测得的。在一般的实验中测得的和记录下来的只是流体的温度而不是催化剂的温度。尽管测温元件是被埋在催化剂层之中，但催化剂与测温元件之间只有点接触，其间的热量交换是极其微弱并可忽略不计的。测温元件实际上是被流体所包围，与流体之间进行着较强的对流换热。因此，测温元件主要反映了流体的温度。

　　这样，显然就产生了一个尖锐的矛盾：决定反应结果的是催化剂表面温度，但测得的只可能是流体主体温度。从而也必然提出这样的问题：如何从测得的流体温度去推测催化剂表面温度？催化剂和流体之间有多少温差？这些温差在放大过程中是否会变化？这些问题当然是至关重要的，因为上面已经提到温度的变化对反应速率以至反应的选择性可以有显著的影响。

　　首先，如果反应没有或只有有限的热效应，则催化剂温度可看作与流体温度相等或相当接近。反之，如果有较大的热效应，那么，两者之间就可能有不容忽视的差异。因此，热效应的大小就是一个重要的反应特征。

　　其次，反应是吸热还是放热也是一种至关重要的反应特征。如果反应吸热，则流体必须向催化剂供热，以补偿反应所需的热量。因此，催化剂温度必将低于流体温度。但是，温度降低的结果使反应速率下降，导致吸热减少，温度的下降也趋于钝化。这是一种良性的交互影响，其原因是温度对反应速率的正效应和反应吸热对温度的负效应互相抑制着。放热反应则有与此完全不同的性质。在催化剂上进行放热反应时，催化剂温度必将高于流体温度。但其间存在着恶性的交互影响：温度升高，反应加速进行，放热量增大，温度更趋上升。这是一种恶性循环。这种循环的恶性发展将造成温度的失控（或称为"飞温"）。

可见对于放热反应，不仅存在着催化剂温度与流体温度有多大差异的问题，还存在着放大过程中这个差异是否会变化的问题，而且还存在着放大过程中温度会不会失控的问题。如果在放大过程中由于工程条件的变化而使温度失控，即造成催化剂的烧毁，甚至反应器的损坏。这些问题都应该在小试验中就得到回答，而不应当等待和依靠耗资的中间试验来进行尝试误差。

上述问题可以概括为单个催化剂颗粒和流体之间的相互关系问题，从而将其他颗粒置之度外。这是因为反应热释放在催化剂上以后，唯一重要的散热途径则是向流体传热。催化剂颗粒之间也只是点接触，因而颗粒之间的热交换同样是微弱的，从而可以把单粒催化剂视作一个独立单位来处理。

液体对催化剂颗粒进行着绕流，并在催化剂上进行催化反应，其过程可以理解为：反应组分由对流扩散至催化剂外表面（这里以催化剂颗粒作为一个单位，不考虑颗粒内部的浓度和温度变化）并在其中进行反应，反应产物反向扩散到流体中，反应放出的热量则由对流热传递自催化剂传向流体。当传热和传质过程都进行极快，或传热传质阻力均极小时，催化剂表面的温度和浓度将和流体主体的温度和浓度相近。这时，称过程为反应控制。当传递速率不够高，传递呈现一定阻力时，催化剂表面浓度将低于流体主体浓度，而温度将高于流体主体温度，即温度和浓度两者都和主体有所差别。当传递过程相对于反应显得极慢时，催化剂表面反应物将不能有所剩余，通过扩散来到催化剂表面的反应物立即被反应掉，而催化剂表面的浓度将趋近为零。此时过程为扩散控制，实际反应速率只可能等于极限扩散速率。与此同时，催化剂表面温度将高于流体温度。对于这一极限情况，催化剂表面温度与流体温度之差将达到怎样的极限值？这是一个极为重要的问题。这一极限温差又可以由理论算得。对于气固催化，已知此极限温差在数值上大体等于反应物系的绝热温升。绝热温升的含义是，反应物系在绝热条件下完全反应后，释放的热量用于加热物系自身所能提高的温度。这是一种性质，其值为：

$$\Delta T_{ad} = \frac{(-\Delta H)c}{C_p \rho} \tag{6}$$

式中，$(-\Delta H)$ 为摩尔反应热；c 为反应物浓度；C_p 和 ρ 分别为物系的比热容和密度。

不难看出，绝热温升只是物系的性质，而与催化剂和反应条件无关。不同的物系有不同的绝热温升。表 1 列出了若干催化反应系统的绝热温升数值。由于绝热温升的数值随物系浓度而异，且与反应的选择性有关，因此所列出的仅仅是作为参考的大致数值。

表1　若干催化反应系统的绝热温升

反应	绝热温升 $\Delta T_{ad}/°C$
苯的氧化	500
二甲苯的氧化	500
丁烯氧化脱氢	250
催化剂的烧焦（空气）	>1000
苯的加氢	300

由此可见，对强放热反应绝热温升可高达数百度。也就是说，如果工程条件造成了外扩散控制，那么催化剂温度可以高出流体温度数百度！这是一个必须引起重视的问题。设想在小试验中造成了有利的工程条件，使过程成为反应控制。在工程放大后，由于可能出现的条件恶化，使过程转化为扩散控制，那么催化剂温度可以

高出小试时的温度数百度。显然小试验的结果不可能再有什么代表性，当然不能期望放大后还能重现小试验的结果。

当然，这只是一种极限情况。即使远离极限情况，温差远小于可能达到的极限值，譬如温差只有极限值时的十分之一，即数十度，但是，由于反应对温度一般都很敏感，反应速率仍可以相差十倍之多。例如，反应活化能一般都在 20kcal/mol（1kcal/mol ≈ 4.186kJ/mol）以上，如温差为 40℃，气体主体温度为 300℃，反应速率仍可相差 3 倍以上。这样的差别反映在放大上当然会表现出显著的"放大效应"。

但是正如上述，这种差别在小试验中通过实测温度是不能测得的。因此，研究者必须通过理论的思维和估算以判断小试验条件下催化剂究竟处于何种温度状态，放大后又可能处于何种条件。也就是说，实验测量得不到的信息，唯一的方法是通过理论思维去获得。这里，反应工程理论的指导作用是无法取代的。

定性地认为，对于弱放热反应，上述那种催化剂和流体主体之间的温度差别可以不必考虑，对于强放热反应则这一差别不容忽视。什么是放热强弱的界限？既然式（6）是这种差别的极限，因此它也清楚地告诉我们，不能单凭反应物的摩尔反应热（$-\Delta H$）来判断反应放热的强弱，而应该综合地考虑摩尔反应热、反应物浓度 c、比热容 C_p 等因素，即应当按绝热温升的大小来判断。根据式（6），（$-\Delta H$）和 c 以乘积的形式表现为分子，说明这两者等效。即使反应物有高的摩尔反应热，但只要浓度低，绝热温升仍可以很小。后者是很容易计算或估算的。这就显示出理论指导下应如何作出判断。

在催化剂温度方面，问题的严重性尚不只在于此。尤为严重的是，催化剂温度会不经中间状态，直接由较低的温度（反应控制条件）突跃到高温（扩散控制条件）。

反应工程理论对这种突跃的现象已作出理论的解释和分析。催化剂颗粒的定态温度决定于放热条件和散热条件的均衡。对一定反应，假设浓度已经确定，则放热量随催化剂温度的变化呈"S"形，如图 12 所示。在低温下，过程属反应控制。反应速率，也即放热速率随温度呈指数函数形式上升。在高温下，反应已经极快，过程转为扩散控制，因而放热速率已基本上与温度无关，放热曲线趋于平坦。而催化剂的散热则决定于下式：

$$q = h_f a(T_s - T) \tag{7}$$

式中，h_f 为传热系数；a 为催化剂外表面积；T_s 和 T

分别表示催化剂和流体主体温度。式（7）在图上表示为一直线 TAB。TAB 与横坐标相交处的温度表示流体主体温度 T，其斜率则决定于传热系数和外表面积的乘积 $h_f a$。放热线和散热线的交点则为催化剂的实际温度。

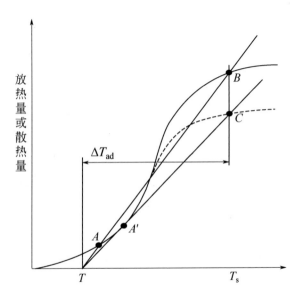

图 12 催化剂的"S"形放热曲线和散热线

不难看出，传热系数的减小将会使散热线的斜率减小，并使操作点由 A 经 A' 直接跃到 C 点，表明催化剂温度会发生突跃，而其温升几乎等于绝热温升 ΔT_{ad}。这一现象称为着火，由于流速降低，在传热系数下降的同时，传质系数也有些下降，因此放热线的上半部也相应有些变化，如虚线所示。由此说明了流体和催化剂颗粒间的传热系数的较小变化可以造成催化剂的着火。这个例子充分体现出工程因素的重要性。

当催化剂、反应物系和工艺条件都已确定，传热系数将唯一决定于线速度。而线速度则纯粹是个工程因素。因此从工程角度看，线速度十分重要，在放大中应当密切注意线速度的可能的变化及其可能造成的后果。

这样也就可以看到工艺和工程相矛盾的情况。在小试验中，在放大过程中，从事工艺研究的人员往往着眼于将空速或接触时间的一致来作为放大依据。但是在保持空速一致的情况下，经过放大，线速度往往就不可能与小试一致。例如，小试验一般在薄床层中进行，而线速度将随床层的增厚而成正比地增加。也就是说，线速度不可能保持不变。这样，在小试和放大中要保持工艺上的一致，则工程上就不能一致，反之亦然。这里就可看出工艺和工程的矛盾：工艺人员注意的是空速，而工程人员注意的是线速度。两者是否能共容呢？

既然小试验中一般线速度较低，工业化后一般线速度较高，则在小试验中可保证着火的工艺条件在放大后未必能保证着火。这样，小试验证明应在着火条件下反应，则在放大后可能不能实现着火而导致失败。小试验和大型生产装置之间就存在着这种可能的不一致性。

这种不一致性往往只是在某个特定的范围内出现的。因此，实现工艺和工程的结合，就应当使小试验不在上述范围内进行，例如，应当避免使用过薄的床层进行小试验。至于怎样的床层才不算过薄，就得依靠理论进行估算。这里又一次说明理论的指导作用，说明纯经验的放大方法是多么危险。以下举两个实例作具体的说明。

4.2
异丁烯二聚的开发实例

锦州石油六厂研究所曾与华东化工学院协同进行四碳馏分中异丁烯二聚反应过程的开发。借四碳馏分中异丁烯的二聚而达到易于将异丁烯与其他馏分分离的目的，以便得到正丁烯，作为丁烯氧化脱氢的原料。由于异丁烯的沸点与正丁烯的沸点过分接近，难以用精馏方法分离，异丁烯二聚成八碳组分以后即可进行简单的精馏分离。八碳组分则可用作汽油添加剂以提高辛烷值。

当时锦州石油六厂备有两种原料：一种是低浓度异丁烯原料，含异丁烯在 4%左右；另一种为高浓度异丁烯原料，含异丁烯 20%上下。

首先进行了低浓度异丁烯原料的处理，筛选催化剂以后即进行工艺条件试验。在高约 20cm 的床层中，在 30℃和 1atm（1atm=101.325kPa）下，以空速为 $3h^{-1}$ 通过床层，得残余异丁烯浓度小于 0.5%，正丁烯损失为 10%。这样的结果是可以被接受的，因而认为该反应过程对低浓度异丁烯原料的处理是成功的。

第二步进行高浓度异丁烯原料的处理。在相仿的条件下，异丁烯残余浓度仍可达 0.5%以下，但正丁烯的损失高达 30%，这显然是不能被接受的。于是，在小试验中进行了各种条件试验以寻找有效的措施。

当时，按正交设计组织了实验。在改变了空速、温度和浓度以后，对实验结果进行了显著性检验。得到的结论是，温度、压力和空速等对正丁烯损失没有显著性，唯一有显著影响的是浓度。这样的结论实际上是不言自明的，因为处理低浓度异丁烯时，正丁烯损失不大，处理高浓度异丁烯时损失增大，可见当然浓度是有影响的。这个试验提供的有效信息是温度和空速对正丁烯损失没有显著性影响。

试验结果表明，唯一有显著性的是浓度。那么，似乎采用如图13的方案，将原料用正丁烯进行稀释是唯一途径。例如将原料作5倍稀释。

这个方案的试验结果是正丁烯损失不仅没有减少反而有所增加。这也是明显的，因为稀释5倍以后，原料相当于5次通过反应器，如果每次损失10%，则总损失必高于30%。

至此，按正交设计进行的实验也只能告终了。按正交设计规划的实验，既没有揭示出正丁烯损失的原因，也没有提供解决问题的途径。

这里首先从方法论的角度对正交设计方法作一个分析。正交设计是一种指导实验的理论。按正交设计

图 13　用反应后所得正丁烯来稀释原料的流程——循环流式反应器

安排实验，与网格法相比可以成倍地减少实验次数，而且它是普遍适用于各不同领域的研究工作的。因而它是一种普遍有效的方法。但是，它寻找的仍是变量之间的外部的关系，并不试图深入到过程的内部机理。例如，它并不考虑正丁烯究竟是如何损失的，当然也就提供不出解决问题的途径。此外，变量水平的选择是人为的。在做二水平或三水平实验时，选择怎样的水平是由研究者决定的，研究者根据什么来确定变量的水平呢？

因此，可以认为，正交设计在问题的性质都已了解清楚，可行域都已确定的前提下，用来寻优是十分有效的。但是，在探索问题的原因，寻求解决问题的途径时，不能认为正交设计是一个十分有效的方法。

从反应工程的理论分析出发，如果正丁烯损失增加的原因确是浓度效应，那么，就只存在着一种可能性，即存在着明显的与异丁烯的共聚反应。只有发生了这个反应，异丁烯浓度的提高才会引起正丁烯损失的增加。然而，对于所生成的八碳组分的分析表明，共聚产物并没有明显的增加。这样就可作出初步判断，高浓度异丁烯造成正丁烯损失增加的原因不应当是浓度效应。

除了浓度以外，唯一对反应结果有影响的是温度效应。实测的温度虽然没有发生明显变化，但催化剂的温度是否会发生变化？

当异丁烯浓度为4%左右，物系的绝热温升只有20℃上下，这时，即使反应处于扩散控制条件下，催化剂表面温度也不会与主体温度有很大差别。当采用浓度达20%的异丁烯原料时，绝热温升提高了约5倍。这时，如果传递过程起了控制作用，催化剂温度会与主体温度有相当大的差别，可能是温度升高促使了正丁烯自聚。空速为$3h^{-1}$，表示反应时间为20min左右。在床层高度为20cm时，表观线速度仅1cm/min，是极低的，很有可能使反应处于传递控制的条件下。

为了检验这一认识是否符合实际，可以采用高线速度进行实验以强化传递过程，观察正丁烯损失是否减少。当然，这样就要求有较高的床层，以保证异丁烯的高转化率。在当时，由于设备条件所限，已不能增加床层厚度，不过我们仍然"尽泵之所能"进行了高空速，即高线速度试验，暂时放弃了高转化率的要求。

实验结果非常令人满意。出口异丁烯浓度，很凑巧，也正好是4%。而正丁烯损失几乎为零。也就是说，在高线速度下，将异丁烯浓度从 20%转化到 4%，并不造成正丁烯的损失。这就意味着，如果反应器足够长，使异丁烯得以进一步转化到残余浓度为 0.5%，而正丁烯损失也应在 10%左右。这就从反面证明了我们的推断：是过高的催化剂温度造成过量的正丁烯损失。

　　将以上结论与早先的正交设计得到的结论作以对比。正交设计实验得出的结论是，异丁烯浓度提高是正丁烯损失增加的主要原因，而温度没有显著性。而上述实验得到的结论是：只要有高线速度，高速度区并不造成损失。浓度不是主要原因，温度才是问题之所在。两者的结论截然相反。实际上，造成正丁烯损失的增加表面上看来是由于浓度的变化，实际上是由于催化剂表面温度的变化。浓度通过温度起作用。

　　举这一实例是想再一次说明，开发实验必须在反应工程理论的指导下进行。即使没有动力学方程，没有传递方程，反应工程的理论仍然有巨大的指导作用。不能单纯地依靠实验搜索的方法（包括正交设计等方法）去寻找解决的途径，而应当贯彻实践—理论—实践的认识论的规律。认识了反应特征，运用已有的理论知识，提出解决问题的途径，然后再用实验检验设想。

这一实例也试图从另一方面说明，实验工作的核心应是揭示规律以及验证所作的假设推断，当然亦可在这个基础上再作必要的实验探索。实验工作绝不应受到工艺条件和工艺要求的束缚而妨碍了探索过程的内在规律。如果只是考虑到要满足出口异丁烯浓度低于 0.5%的条件，那就不可能规划高线速度、低停留时间下的实验，也就不可能获得关于正丁烯损失增加原因的认识。先设计的设备固然可能给后来规划的实验带来一些障碍，但是根据设备条件作出一些灵活的应急措施，常常有助于弄清过程的大体规律，一旦掌握了这样的规律，就会使问题迎刃而解。

4.3
丁烯氧化脱氢过程的开发实例

上一节所列举的是一个关于加速传递过程处于反应控制条件从而保证选择性的一个实例。本节所列举的则是一个说明另一种完全不同条件的实例。在本例中，催化剂应处于扩散控制条件下才能获得所希望的结果。

丁烯氧化脱氢制丁二烯是我国广泛采用的制取丁二烯的生产过程。现用的生产方法是我国在 20 世纪 60 年代自主开发的，采用的是磷钼铋三元催化剂和流化床反应器。该生产工艺存在着的一个主要问题是选择性较低，副作用生成多达 10% 的含氧化合物——醛、酮和酸类，造成严重的环境污染和需要废水处理等一系列问题。

近年来，开发了一种新的催化剂，选择性可达 92% 以上，含氧有机物生成量小于 1%，而且催化剂允许的温差达几百度，因而可以采用绝热式固定床反应器以代替流化床。显然，该催化剂不仅在工艺上较为先进，而且在工程上亦较易处理。

开发单位的小试验表明该催化剂有以上所述的明显优越性。此外，粗略的小试表明，该反应过程可以采用绝热固定床反应器，进口温度在 300℃ 上下，出口温度在 500~600℃ 间。丁烯空速可在 200~700h^{-1} 这样的宽范围内变化，进口温度可在 300~350℃ 之间变化，但几乎不影响反应结果，表现出良好的操作弹性。但是，温度过低，则转化率急剧下降至很低的数值。

从已有的小试验结果如何理解反应特征？反应结果对温度对空速都是很不敏感，似乎反应结果与温度和空速都没有什么关系。这是很异常的，有异于通常所见的反应特征。相反，而是表现出某种扩散过程的特征，因为扩散速率的温度效应很小。扩散速率随线速度增加而有所增高，因而在扩散控制条件下，扩散量也即反应量，并且与空速关系较小。因此，可能该过程是处于扩散控制条件下。另外，从反应器进出口温度之差竟达200～300℃来看，即使在反应前期是反应控制，也应认为至少在反应后期是处于扩散控制条件。因为假设处在进口温度的条件，反应比较缓慢，因而为反应控制，但在后期，温度增高了至少 200℃。按一般反应估计，温度每升高 10～20℃，反应速率常数提高一倍。那么，反应速率常数将等于初期的 2^{10}～2^{20} 倍。这样，在后期扩散速率绝不可能跟上反应速率常数的增长，过程必将转为扩散控制。

从以上两个方面的分析，可以推断，反应过程的基本特征应当是扩散控制，因此才含有小试验中表现的那种行为。

在进口处，由于温度较低而处于反应控制条件，出口处由于温度较高而处于扩散控制条件，这一转变是如何实现的？是渐变的，抑或是突变的？

　　按本章第 1 节所述，应当认为是突变的。反应气体进入催化剂层后，由于在绝热条件下进行反应，随着反应的进行，随着气流的下行，温度将逐渐提高，反应物浓度将逐渐降低。与之对应的催化剂温度也将逐渐提高，从 A 到 A'，依此类推（见图 14）。但是，从催化剂的 S 形放热曲线和散热线可以看出（见图 14），在反应器内的某个位置，当气体温度超过 T_i，催化剂温度将突然越过 A'' 而跃至 T_{si}（着火），过程将转而为扩散控制（为简单计，这里未计浓度随温度升高的相应下降）。着火是突然地在反应器的某个位置上发生的。如果实际过程果真如上所述，那么，着火现象的发生应是该过程的最主要的特征。不能肯定和证明这一基本特征，以后开发工作应如何进行就无法确定。因此，首要的是进行实验以证明或鉴别这一点。

　　鉴别实验该如何进行？着火现象是发生在催化剂上的，发生在反应器内某处。在这一点，催化剂温度发生突跃，但气流温度仍然是渐变的，并不会产生突变。因此测定气体温度分布并不足以说明存在催化剂温度的突跃。但是，前面已经提到，催化剂温度是难以直接测量的，因此直接的鉴别试验并不现实。此外，鉴别是否存在着火现象是当务之急。不弄清这一点，无法进行下一步实验的规划。因此，要求在最短的时间内进行充分的鉴别，不能旷日持久地加工设备，进行准备。鉴定试验只要求确证而不要求精确。应当如何巧妙地设计这个鉴别试验就成为一个问题。

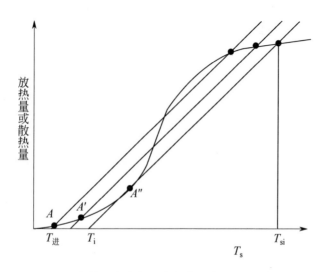

图 14　气体温度在床层内渐升导致着火的示意图

　　着火反映出催化剂温度的突跃，催化剂温度的突跃必然伴随着反应结果的突跃。很明显，如果进口温度过低，反应过慢，也许在反应气体离开床层时，还未能达到着火条件。此时，反应转化率必极低。逐渐提高进口温度，出口转化率将有所提高，但未必显著。只有当进口温度达到某一数值，气体出口温度已提高到一定程度从而满足了着火条件，此时才在出口处发生了着火。这时，转化率相应地也有了突变，气体出口温度也会突然升高。如果着火现象确实存在，那么对进出口温度进行标绘，应有如图 15 所示的曲线。是否存在图 15 所示的突变，应当可以作为反应器内是否发生着火现象的标志。我们即据此进行鉴别试验。

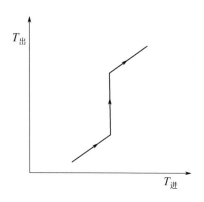

图 15　着火现象在进出口温度关系上的反映

不难看出，这样的鉴别试验在技术上是非常简单的。只要在大致绝热的条件下进行反应，测量出口温度即可，甚至连组分分析都不必要。就这样，实际上在还没有建立起色谱分析手段的时候，就已经开展事关重要的实验了。

实验结果果真如图 15 所示那样，出口温度明显地出现了突跃。但是，单是这一现象尚不足以证明反应器内存在着火现象。因为对于温度非常敏感的反应，也会出现类似的表现，又何况实验中多少有一些误差。因此，还必须作温度下行的试验。

在逐渐提高进口温度，达到某临界值，出现着火以后，再将进口温度降回到该临界温度以下。如果上述的出口温度的跃升是敏感性所致，则在进口温度降至上述临界值时，出口温度应沿图 15 的规律可逆地回降。但是事实却非如此，进口温度必须下降到低于这一临界值若干度以后，出口温度才显示出突降。如图 16 所示。

这样，利用突变性和不可逆性（或滞后性）这两点证明了反应器内存在着火现象，借此抓住了反应器内过程的主要特征。然后，据此制订下一步的实验计划。

着火现象的存在是该过程的主要特征。如何充分利用这一特征来计划安排实验，实现实验的简化？这是实验计划的核心。

"着火"将反应器截然划分为性质不同的两段。第一段所能达到的转化率并不高，其主要任务是将气流温度借反应放热提高到满足着火要求为止。因此，可称之为预反应段。该段内过程的特点是，催化剂温度与气流主体温度相差不多，过程大体属于反应控制。因此，该段也可称作低温段或动力学控制段，如图 17 所示。

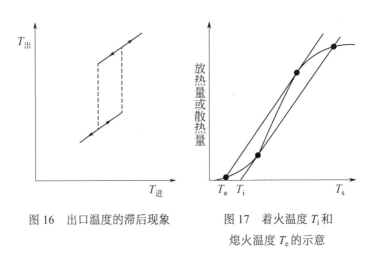

图 16　出口温度的滞后现象　　图 17　着火温度 T_i 和熄火温度 T_e 的示意

第二段则相反，大部分的反应物在该段内投入反应，因而可以称之为主反应段。该段内催化剂温度较高，过程属扩散控制，因而宜称之为高温段或扩散控制段。两者对比如表 2 所示。

表 2 反应器两段的对比

	过程的目的	过程的特征
第一段	预反应段	低转化率，低温段或反应控制段
第二段	主反应段	高转化率，高温段或扩散控制段

　　既然反应器中的这两段各有不同目的和不同的过程机理，因此，理应分别予以研究。这样，进行了过程分解，即将整个反应段按其特征分解成两个不同特征的反应段。事实上，如果将状态不同的两个反应段，牵强附会地综合在一起进行研究，如同逐级经验放大方法所常做的那样，则所得的结果也必然是毫无规律性可言的。这种分解之所以成为可能，是由于已经掌握了整个过程的主要特征——着火，因而可以以着火点为界进行分解。由于着火才造成了两段的不同特征。由此可见，进行过程的正确的、合宜的分解是以深刻认识过程的主要特征为前提的。不深入到过程的内部规律就无法取得这种认识。从方法论角度看，开发工作应当有一个预实验阶段。这一阶段不是为了获得最终结果而只是为了认识对象，为了掌握对象的基本特征，然后据此制定第二阶段即系统实验阶段的计划。从这个实例来看，小试验提供了初步信息，经过理论思维，提出存在着火现象的

设想，直到组织鉴别试验为止，都属于预实验阶段。在根据预实验的结果，证实了着火现象的存在以后，随即进入了第二阶段——系统实验的阶段。第二阶段之所以称为系统实验阶段，之所以与第一阶段有本质不同，是因为第二阶段实验应当是有计划、有步骤、有系统地进行的。这一问题将在第5章中详述。在第一阶段，即在预实验阶段中，由于对对象并无充分的认识，因此，不可能有完善的计划，多半要依靠实验—思索—再实验，贯彻序贯实验设计的原则。第二阶段则不同，这是因为对对象已经有了基本的、定性的认识，已经有条件进行缜密的实验计划。以下将介绍如何根据已得到的对反应特征的认识制订下一步的实验方案。

首先，将整个反应器分解成两段，用数学模型方法的习语来说，就是提出了一个两段模型。然后应当分别对这两段进行有计划的系统研究。

对待第一段，应当先明确研究目的，研究第一段规律的目的只有两个：

① 确定预反应段的长度（已知进口气体状态）；

② 确定最低的进口温度（已知进口浓度和反应段长度）。

显然这两者是相关的。一定的反应器长度必有一个对应的使反应器着火的最低进口温度。进口温度低于该值，反应器内将不复出现着火现象，也就不能得到所期望的高转化率。

如何达到这两个目的？这一段的特征是，过程属动力学控制，因此，掌握动力学规律就应当可以通过理论计算回答上述问题。

催化剂颗粒的着火应当有确定的条件，即所谓催化剂的着火条件，如图 18 中曲线所示。图 18 是以温度 T 为纵坐标，以反应物的分压 p 为横坐标作出的。

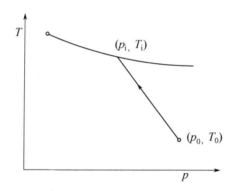

图 18　表明催化剂着火规律和绝热固定床操作的 (p, T) 平面

当气流主体的状态 (p, T) 落在该曲线上，或该曲线以上的区域，反应器即发生着火现象，在着火线以下则

不着火。该曲线取如图 18 中的形状是可以理解的, 气体中反应物浓度愈高, 着火温度应愈低。

从反应工程的理论可知, 只要知道反应动力学, 即可由理论求得着火线。

设进口气体的状态为 (p_0, T_0)。沿着反应段下行, 由于绝热反应, 其浓度将会下降, 温度将会上升。只要知道反应热 $(-\Delta H)$、物系的热容 C_p, 则气体在反应器中状态的轨迹可算得,

$$T - T_0 = (p_0 - p)\frac{(-\Delta H)}{MC_p\rho} \tag{8}$$

式中, M 为气体平均分子量。式 (8) 表现为一直线, 即气体状态的轨迹, 亦可理解为是反应器的操作线, 如图 18 中的直线所示。显然, 当操作线能与催化剂着火线相交, 即会发生着火现象, 着火时, 气流主体温度和浓度为 T_i 和 p_i。显然, 气体状态自 (T_0, p_0) 转变到 (T_i, p_i) 所需的反应段长度, 只要已知动力学也是可以由理论计算得到的。

由上面的分析, 对于进口状态已知的情况, 可以计算所需的预反应段长度。同样, 已知预反应段长度, 已知进口浓度 (配比), 也可以求得最低必需的进口温度。

也就是说，只要测得反应的动力学方程，就可以由理论计算回答上述两个问题。总之，对于预反应段，为了掌握规律，应当测定反应动力学。

但是，丁烯氧化脱氢是一个复杂的反应。即使忽略了生成醛、酮和酸等的次要副反应，至少还有下列几个反应：

$$\text{正丁烯} \xrightarrow{\text{O}_2} \text{丁二烯} \xrightarrow{\text{O}_2} \text{CO}_2+\text{H}_2\text{O} \quad (9)$$

如果按照经典的动力学测定方法，则每一个反应都可以写成下列形式（式中下标 i 系指反应 i，即上述三个反应中的一个）：

$$r_i = K_{i0}\mathrm{e}^{-E_i/RT} p_{\mathrm{O}_2}^{m_i} p_{\mathrm{C}_4^=}^{n_i} p_{\mathrm{C}_4^=}^{S_i} \quad (10)$$

其中每一个反应包括 K_{i0}，m_i，n_i，S_i，E_i 5 个参数，三个反应共计 15 个参数。这是一个相当复杂的动力学测定问题。因此，应当寻找简化的方法。

简化还得从过程的特征出发，设法利用对象的特殊性。由于处理的是预反应段，因此在该段内转化率很低，进出口浓度相差很小，所以完全可以忽略反应的浓度效应，只需要考虑温度效应，因而在进口组成已定的情况下可以写成：

$$r_i = K'_{i0} e^{-E_i / RT} \left(i = 1, 2, 3 \right) \qquad (11)$$

式中，K'_{i0} 只随组成而变。该式是零级反应的表达式，也就是说，对于预反应段，由于低转化率反应可以简化，拟作零级处理。

预反应段所要解决的问题是保证着火所需的最低进口温度，而不是反应结果，所以无需考察选择性问题，另外，正因为该段内转化率很低，所以应当可以用一个当量的简单反应代替实际反应。由于实用的配比中，丁烯是过量的，取氧作为关键组分。于是式（9）就被简化为一个当量的简单反应。

$$O_2 \longrightarrow 氧化物 + (-\Delta H) \qquad (12)$$

即实际的由三个反应组成的复杂反应，对于预反应段，所需解决的临界进口温度问题，可以简化为一个拟简单反应进行处理，因而式（11）就不再必要，可以简化为一个单一的动力学表示式：

$$r = K'_0 e^{-E/RT} \qquad (13)$$

此外，虽然反应是在催化剂表面进行，其温度与气流主体温度有所差异，但是，由于只限于考虑在着火温度下的低温度条件，因此，催化剂和流体之间的温度差异较小而可以忽略，可以以气体温度作为实际反应场所（即催化剂）的温度，可采用常用的拟均相处理方法。

实际上是根据：

① 所处理的问题的特殊性：低转化率，动力学控制；

② 所要解决的问题的特殊性：最低临界进口温度以保证着火和预反应段长度，而不是反应结果。

采用简化措施为：

① 拟均相反应；

② 拟零级反应；

③ 拟简单反应。

从而使待取的动力学方程简化为式（13），使模型参数从原来待求的 15 个减为 2 个参数。

参数的大量减少使实验工作量大大减少。不仅如此，从式（13），动力学表示式可进一步以分压表示，

$$r = \frac{\mathrm{d}c}{\mathrm{d}t} = -\frac{\rho}{pM} \frac{\mathrm{d}p}{\mathrm{d}t} = K_0' \mathrm{e}^{-E/RT} \qquad (14)$$

但是既然在绝热反应器中分压与温度之间有一一对应的关系，则对式（8）求导可得：

$$\frac{\mathrm{d}T}{\mathrm{d}t} = \frac{(-\Delta H)}{M\rho C_p} \frac{\mathrm{d}p}{\mathrm{d}t} \qquad (15)$$

将式（15）代入式（14），

$$\frac{\mathrm{d}T}{\mathrm{d}t} = \frac{(-\Delta H)}{pC_p} K_0' \mathrm{e}^{-E/RT} \tag{16}$$

式中，反应时间 t 就是固定床高度与线速度之比。将式
（16）移项积分，就可得到进出口温度的关系如下，

$$T_{\text{出}} - T_{\text{进}} = f\left(T_{\text{进}}, E, \frac{(-\Delta H)K_0'}{\rho C_p}, t\right) \tag{17}$$

该式中不出现浓度项。因此实验时只须改变流量（空
速），测定积分反应器进出口温度，即可由式（17）估
定其中的参数 K_0' 和 E 的数值。前后只用了一个星期，
即测得了上述的动力学方程，甚至连气体取样和色谱分
析都不需要。可见，所作的简化不仅大大减少了所需的
实验次数，而且也大大简化了测定方法。

有了动力学方程，可以从理论计算获得不同条件下
保证着火的最低进口温度。但是，所有上述简化是否真
正合理，仍然必须由实验检验。因此，实际测定着火发
生时的进口温度，与理论计算值作了比较，表明二者良
好的一致性，相差只有 2～3℃。

从两个独立的来源来确定保证着火的进口温度，一

个是实测的，另一个是理论计算的，两者之间有如此良好的一致，说明对过程的理解是正确的，所作的简化是合理的，所得结果是可信的。至此，解决了预反应所需解决的问题。实验工作简化到如此程度以致于理论计算的人员跟不上实验测定的进度，造成了在做完实验以后再等待理论计算的结果来作比较的局面。

回顾解决预反应段问题的全过程，可以看出实验的简化方案、实验数据的处理方法等都是系统地进行的，而且都是在系统实验之前预先计划好的。这样的做法都是由于在预实验中认识了过程特征以后才能做到。

现在，处理第二段——主反应段的问题。主反应段需要解决主反应段的长度问题。由于大部分反应发生在主反应段，因此，主反应段还应当着重解决反应选择性的问题。

应当如何着手？显然，不能沿用预反应段所使用过的方法，因为这两段有完全不同的基本特征。主反应段的基本特征是扩散控制。无论是主反应段的长度问题还是主反应段的选择性问题都应当从扩散控制这一基本点出发，寻求解决的途径。

主反应段的长度问题是易于解决的。既然是扩散控制，就完全可以按照扩散过程的处理方法进行计算，无需反应动力学知识。简单的计算表明，作为达到指定的转化率所需的反应段长度仅约为 10cm。这就是说，一旦着火以后就只需有一段不长的反应段，即可达到所需要的转化率。与预反应段相比，主反应段长度可以短一些。也就是说，催化剂层的主要部分是用来进行预反应，以创造着火条件的。这一点，对反应器的设计和操作都很重要。如果设计的催化剂层厚一些，那么，进口温度可以稍低些，如果设计的床层薄一些，只要将进口温度提高一些，使所需预反应段长度减少一些，也同样能达到规定的转化率，说明了该反应器不需精确设计。这也解释了为什么在丁烯氧化脱氢小试验中，空速可以在很宽的范围内变化而不影响反应结果。

至于选择性问题，似乎复杂得多了。反应的选择性究竟决定于哪些因素？通常，选择性决定于主反应和副反应的动力学规律。测定这些反应动力学规律是相当困难的。适用于预反应段的那些简化，显然，不适用于主反应段。因此，必须另作设法，又何况在扩散控制条件下反应动力学规律已多少失去了它本身的重要性。

既然扩散控制是主反应段的主要特征，那么还必须从扩散控制这一点出发，寻找决定选择性的因素。

从以上所述，已经明确了过程属扩散控制。但这一点还不够，应当进一步明确，过程属哪一个组分的扩散控制。因为丁烯氧化脱氢涉及两个反应物——丁烯和氧，也就是究竟涉及哪一个组分的扩散控制？哪一个组分扩散控制有利于选择性？这应该是扩散控制下过程的核心。

试设想一下，扩散控制下催化剂表面（即反应场所）的浓度状况。如果系氧扩散控制，则催化剂表面氧的浓度趋近于零，而丁烯浓度有一定的值。此时，反应场所的实际的氧烯比很低，即趋近于零。反之，如果丁烯扩散控制，那么，催化剂表面丁烯浓度将趋近于零，而氧浓度为一定值，此时，氧烯比可以很高，即趋近于无穷。由此可见，两种不同的扩散控制机理，对催化剂表面的浓度比值有极大的影响，可使之从零变为无穷大。这种催化剂表面氧烯比的大幅度变化可以由气体主体氧烯比的细微变化引起。

一般的氧化反应的规律是，氧烯比低有利于部分氧化的选择性。因此应当力图造成氧扩散控制。

由简单方法可以计算氧扩散控制的条件。

以选择性为93%计，氧与烯的化学计量比约为1。要达到氧扩散控制，氧的极限扩散速率应小于丁烯的极限扩散速率，即

$$K_{O_2} p_{O_2} < K_{C_2} p_{C_4^=} \qquad (18)$$

于是有，

$$\frac{p_{O_2}}{p_{C_4^=}} < \frac{K_{C_4^=}}{K_{O_2}} \qquad (19)$$

按气体组分向颗粒外表面扩散的原理，有

$$\frac{K_{C_4^=}}{K_{O_2}} = \left(\frac{D_{C_4^=}}{D_{O_2}}\right)^{0.6} \approx 0.6 \qquad (20)$$

式中，D_{O_2} 和 $D_{C_4^=}$ 分别为氧和丁烯的分子扩散系数。因此，造成氧扩散控制，达到选择性为93%的条件是：

$$\frac{p_{O_2}}{p_{C_4^=}} < 0.6 \qquad (21)$$

这样，对选择性问题，从扩散控制这一过程的基本特征出发，导出了保证高选择性浓度效应条件的粗略概念 [式 (21)]。不难看出，选择性的温度效应应该是很微弱的，这和小试中的实验结果相符。

于是，主反应段的实验可以归结为：

① 验证浓度、空速对选择性的影响并不敏感；

② 验证对选择性起主要影响的是氧烯比；

③ 为达到93%的选择性，氧烯比应小于0.6。

这就是关于主反应段的实验计划。由于有了理论分析，将原来可能是搜索性的实验转变为检验性的实验。实验次数自然可以大大减少。

实验结果与预测基本相符，这说明已掌握了对象的规律。

至此，解决了保证着火所必需的进口温度、催化剂层厚度、反应选择性这三个问题，从而可以提供优选的工艺条件。但是小试验尚没有完成。小试验还应当提供放大的规律，也就是预测放大中可能出现的问题。

绝热反应器的特点是出口条件唯一地由进口条件决定。进口条件包括三项：浓度、气体中反应物的配比以及线速度。在一定空速下，线速度与催化剂层厚成正比。经过放大，温度和配比可以保持不变。唯一可能发生变化的是线速度。因为经过放大，如床层有所增厚，则线速度必相应地提高以保证同样空速。因此，必须弄清楚速度增大会引起什么后果。另一个重要现象是，在放大以后，不但平均线速度会有所变化，而且还会出现由于床层中各种不均匀性引起的速度分布不均匀问题，即存在着局部速度过低和局部速度过高的问题。这也仍然反映了线速度的影响。以上已经分析过，一旦着火，转化率就不至于成为一个问题。以上的分析也已表明并已得到实验证明：除氧烯比以外其他因素对选择性不会有明显影响。这样，线速度的影响将只局限于可能影响保证着火所必须的进口温度。

从图 19 可以看出，对于一个催化剂颗粒，随着线速度的提高，着火温度将有所提高，即 $T_i' > T_i$，则进口温度自然也必须相应地提高。因此，进口温度必将随设计线速度的提高而提高。

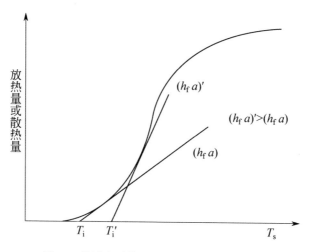

图 19　线速度对催化剂着火温度影响示意图

由此，可以预测，在放大中，随着床层的增厚，进口温度不能保证小试的条件，而必须有所提高。这就是一种"放大效应"。问题在于，随着放大后床层的增厚，进口温度将提高多少？如需要提高很多，为工艺和材料所不许，那么放大设计中必须限制层厚，也即只能采用薄层而不能采用厚层。

如果说平均线速度尚可以通过层厚的恰当选择进行调整，问题更为严重的是，大型床层中难免出现不均匀的速度分布，即对一定的平均线速度，可造成局部线速过高和局部线速过低。这样，局部线速度过高的地方会不会出现不着火，或称熄火现象？一旦出现局部熄火现象，则总转化率必然剧降。如果着火温度随线速度只是略有提高，那么，只要略微提高进口温度，就还是可以保证线速度过高的局部重新着火。反之，如果着火温度对线速度很敏感，必须大大提高进口温度，才能使之着火，那么，很可能造成工艺上和材料上的困难。

总之，放大后是否会出现进口温度必须提高很多这样一个放大效应的关键是，着火温度是否对线速度很敏感。因此，进行了如下的工作：

① 从理论上推导催化剂颗粒着火温度与线速度的关系——催化剂的着火特性；

② 从理论上推导保证着火必需的进口温度与线速度的关系——床层的着火特性；

③ 实验验证上述导出的关系。

推导过程所用的动力学参数用早先测得的均相拟零级简单反应的数据。理论推导的结果和实验结果一并绘于图 20 中。由图 20 可以看出实测值和理论预测值之间良好的一致。这种一致又一次表明了对对象规律的掌握是基本正确的。从曲线形状可以看出，在实用的线速度范围内，线速度对进口温度并不敏感。因此，如工程设计中采用了较高的线速度，则一定程度的气流不均匀分布，不致于造成严重影响，也就是放大效应不会十分显著。

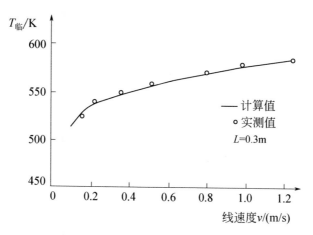

图 20 不同气体线速度时保证着火的最低进口温度实用线速度范围为 $v>0.4\text{m/s}$

这一点对于放大是十分重要的。如果线速度的影响十分敏感，那么，势必保证反应器内足够均匀的气流分布，这将对反应器的设计和催化剂装填提出很高的要求。当这些要求未能满足时，放大后必然会造成反应结果的显著恶化。而现已证明，其影响并不敏感，因而对气流的均布不会有所苛求。在采用适当的气体均布措施以保证一定程度的气流均布性后，在操作中可以用进口温度的略微提高（例如 10～20℃，见图 20）以补偿局部气速过高的影响。

由此可见，将反应过程的开发工作置于反应工程理论的指导之下，采用正确的开发方法，在小试验中不仅可以预测放大效应，并提供可以采用的调整措施，从而使中间试验成为一种检验手段，而不只是一种纯经验的尝试。

第5章

开发工作部署

这一章的目的是在前面几章的基础上进一步论述开发工作的部署及有关关系。

首先是在总体的意义上，讨论研究和设计的关系；其次，则是具体到研究阶段中预实验和系统的实验之间的关系。

5.1
过程研究和工程研究

化工部科技局在制定开发工作条例时，曾将开发工作概括成一个框图*，如图 21 所示。

这个开发工作的程序是，当将某项化学试验室的成果经初步评价认为有工业化的前景时，工作即进入开发阶段。开发阶段包括两个方面的工作，即过程研究和工程研究。过程研究包括小试、中试和必要的冷模试验等。工程研究则包括概念

---

* 吴金城. 工程研究和新技术开发. 化工新技术（一），中国化工学会教育委员会，1981.

设计，开发工作不同阶段所作的各种技术经济评价和基础设计。这三方面工作一般都是过去不熟悉的或没有系统地进行过的。就目前国内的情况而论，过程研究大都由研究人员承担，工程研究则多半由设计人员承担。这样，在确定开发项目之初，就需要组成一个由研究人员和设计人员参加的开发集体。

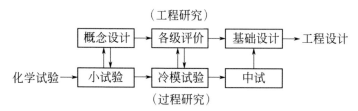

图 21　开发工作的两个组成部分——过程研究和工程研究：构成及其关系

在小试验告一段落后，实验结果就应提交给工程研究人员。据此进行尝试性的大厂设计，即所谓概念设计。工程研究人员在进行概念设计时，需要作出一系列的选择和决策。在作出这些选择和决策时将会发现缺乏足够的依据，从而会提出一系列问题要求进行澄清，这些问题被提请过程研究人员进行进一步的研究。也就是说，通过概念设计，将从工程角度提出一系列的研究课题。

这些问题可能需要再做小实验，也可能必须通过中试或冷模试验才能提供较充分的信息。

在过程研究不断发现问题和解决问题的过程中，原来预期的技术经济指标将有所变化，因此，应当不断地进行评价。

在概念设计中及其后提出的所有问题得到解决以后，工程研究人员应当能据此进行一定生产规模的基础设计。化工部科技局制定的开发条例规定了两种不同的基础设计的深度。不论是哪一种，基础设计都应能提供工程设计所需要的一切必要信息。开发工作的成果以基础设计的形式表达是开发工作的一大进步，是开发工作质量的重要保证。

为了能与原先的工作方法相比较，也可以将以前常用的传统开发工作以框图的形式表示于图 22。

图 22　以往常见的开发工作方框图

将图 21 和图 22 进行对比，不难看出，新制订的工作框图体现了研究和设计的结合及工艺和工程的结合。这种结合体现在以下三个环节中：

（1）概念设计

概念设计是对小试验质量的一个最好的鉴定。概念设计中设计人员将已有的一般的工程经验与开发对象的特殊性相结合。如果小试验没有揭露出过程的重要特征，设计人员将无从形成概念，就无从进行概念设计。如果小试验遗漏了主要的特征，概念设计将被引入歧途，从而被尔后的实验所否定，导致返工。

原先的工作框图中，小试结果在经鉴定后转入中试。如果小试和中试由同一单位承担，那么，可能在鉴定会上小试结果并不会经受严格的检验。如果小试和中试是由不同单位承担，如果中试只是小试的一定倍数的放大，如果只是把中试看作放大数据的测定手段，那么，在小试转向中试时，仍然不会受到严格的检验。小试工作中的缺陷只有在中试中间才会暴露出来，但到那时为时已晚，必然会造成中试装置的不合理和由此引起的种种浪费。

所以，设置概念设计这一环节是从组织上、从制度上保证小试的质量，促使在小试中就实现工艺和工程的早期结合。

（2）基础设计

开发工作的成果以基础设计的形式提供，是整个开发工作质量的重要保证。以往开发工作的成果以中试运转结果的形式表达，例如，产品质量合格，工艺条件合理，能够长期运转等。但是，这是不充分的。中试的目的不应仅在于中试结果本身，中试的任务应是预测进一步放大后的结果。开发工作者不仅应对中试结果负责，而且应对放大后的结果负责。然而，按原工作框图，似乎开发工作者只是对中试负责，尔后的放大则是设计人员的事。原工作框图没有分清这个责任。新的工作框图将基础设计规定为开发研究的成果形式，而基础设计是规定了生产规模的，就将进一步放大的责任明确地归还给了开发单位。

（3）开发工作全过程中工程研究和过程研究间的信息交换

就目前情况看，我国可以综合地进行研究和设计的单位还不多，因此，大多数开发工作一开始就由一个研究单位和一个设计单位联合进行，通过多次的协调会议实现两者之间的意见交换。按照以往的工作框图，设计人员和研究人员只是在中试鉴定会上才初次见面。发生意见分歧时则是木已成舟。双方争执不下，只能依靠权威仲裁，或者只能双方让步了事。不管怎样，这时已无助于从根本上提高中试的质量了。如双方能在中试之初，或在中试过程中交换意见，却能成为提高中试质量的有力促进因素，它会使中试人员不致在低指标上停步，也不致在先进指标上盲目乐观从而去做更多细致的工作以求落实。从这个意义上说，在开发进程中研究人员和设计人员加强协作，相互交换意见甚至争论是必要的，能起促进作用的。

新制订的工作框图从组织上、从制度上促成了工艺和工程的结合，研究和设计的结合。但是，单是"组织上"和"制度上"是不能真正实现这两者的结合的。真正的结合还有赖于设计人员和研究人员自身的业务素质。

设计人员应当有丰富的工程经验，应当善于在开发工作中借鉴这些经验，从而使必需的试验研究减少到最低的必要程度，以加速开发工作的进程和节省开发工作的开支。设计人员应当了解实验研究的规律，才能提出合情合理的要求，使研究人员乐于接受并认真完成。这样，设计人员才能真正成为开发集体中的合作者，而不是一个监督者，一个无休止的挑剔者。当前，在开发工作中，设计人员和研究人员之间经常发生争执，其一方面的原因是，设计人员分不清哪些是工程上已有经验、无需实验研究的，哪些尽管是难以测定但却是关键的、必须测定的。另一方面原因在于研究人员的理论素养和研究方法。

　　如果研究人员既缺乏足够的理论思维能力，缺乏正确的研究方法，又缺乏工程观点和工程知识，只是就事论事地设法在小试中获得优良的指标，在中试中取得良好的结果，则设计人员必然会对对象形不成概念，作不出判断，无从借鉴人们已有的经验。有些研究人员意识到自己在工程上和理论上的匮乏，转而一切听从设计人员，以满足设计人员的一切要求（包括合理的和不合理）为唯一目的，从而丧失了自己的主动性，这是开发周期延长的一个重要因素。应该看到，真正接触到对象的是研究人员，设计人员毕竟是事隔一层的。研究人员应该通过现象的积累形成概念，然后再传输给设计人员。如果研究人员放弃了自己的主动性，必然造成返工和许多不必要的实验。新制订的化工部开发条例明确指出了基础设计是研究阶段的成果。研究人员应当充分发挥其主导作用。例如，在小试验中，概念设计应当首先在研究人员的头脑中形成，然后传输给设计人员，与设计人员的工程经验相结合，据此共同拟订出完成基础设计尚需进行的实验。

　　因此，研究人员的理论素养、工程知识和研究方法显然是一个极为重要的因素。在设计人员提出各种要求时，如果研究人员能够信心十足地提出论据，观点鲜明地分析开发工作，表明研究工作已提供了足够的规律和数据，足以进行基础设计和工程设计，能够以理说服对方，那时即不再需要权威方面的仲裁，开发过程可以加快，双方的争执也就自然没有必要继续下去了。

5.2

预实验和系统的实验

在上节中，阐述了研究人员在开发工作中的主导作用。发挥主导作用的关键是研究人员的理论素养、工程知识和掌握正确的开发方法。反应工程理论素养应具备的工程知识不属本书的范围。本书着重讨论的是开发方法。在第 2 章中，列举了开发方法的两条基本原则，然后第 3、第 4 两章中分别就反应的浓度效应和温度效应，结合实例阐述了这两条基本原则的实际应用。在实例讲解中，通过边叙边议，分散地介绍了开发方法。在本节中，试对此作一概括和归纳。

开发实验应当大致分为两个阶段：预实验和系统的实验。研究人员主动地认识到实验的阶段性将对开发工作十分有利。

预实验的目的：对对象有一个定性的（最多是半定量的），但是全面的认识。

预实验一般不可能有事先的全面的计划。但是，必须有清晰的思路，并能在预实验的各个阶段，归纳已获得的认识，以及从概念设计的需要出发，提出新的问题，组织新的实验。这也就是贯彻实验始终的序贯原则。

预实验可按以下三种思路组织：

① 从认识对象的特征出发。例如有无副反应，副反应以并联为主，还是以串联为主？主副反应中哪一个对浓度更敏感（反应级数的相对高低），哪一个对温度更敏感（活化能的相对大小)?有无反应热效应？热效应的强弱，反应速率的大小，属快反应还是慢反应（与传质速率的相对关系）等。

② 从影响最终结果的因素出发。浓度效应——浓度、浓度分布；温度效应——温度、横向温度分布、轴向温度序列。催化剂颗粒内、分散相液滴内的温度、浓度分布等。

③ 从可利用的对象特殊性出发。绝热的或等温的，

反应控制或传递控制，均相或拟均相；高转化率或低转化率；原料配比是否固定或是否只有一个关键组分；各变量的可行域的宽窄等。

下面按预实验的性质将其分为三类进行讨论。

(1) 认识实验

这是为了认识对象的规律和特征专门设计的实验。反应类型不能直接测得，只能通过其外在表现去推测、认识和证实。因此，研究者应善于从其外在表现通过推理认识其本质。教科书上讲到的一般都是某一类反应会有怎样的行为和表现，而认识实验中则相反，是从实验揭示的行为和表现中去判断反应的类型。例如，发现某个反应，自低而高的温度序列有利于选择性。这是一种表现，研究者应当思索哪一些反应会有这种表现。如果有几类反应都有这种行为，那么，就需要从这几类不同反应可能会有的其他差别设计另外一些实验，筛选出真正的反应类型。总之，认识实验中要贯彻"由表及里"和"去伪存真"的认识规律。因此，不难理解这种实验的计划必有序贯的性质，不可能事先一次制订实验计划成功。

(2) 析因实验

这是为弄清哪些因素能影响反应结果而专门组织的实验。第3章中图1提供了析因实验应遵循的思路。

析因实验中应注意的有以下三点：

①　无需逐个对各工程因素进行直接的试验，注意运用各工程因素间的等效性；

②　分清放大后可调的因素和不可调的因素；

③　分清敏感的因素和不敏感的因素。

举例来说明。有某个气固催化反应，反应放热，因此拟采用列管式反应器。在单管试验中改变管外温度和空速进行简单的析因试验，其结果如图 23。

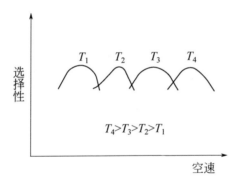

图 23　某一反应在列管式固定床反应器中进行时空速与反应选择性的关系（示意图）

不难看出，空速和管外温度对选择性都有影响，而且其影响还是相当敏感的。在同样空速下，温度过高或过低，选择性都将下降。在同样温度下，空速过高过低，选择性也都会下降。因此，可以认为，管外温度和空速都是敏感的因素。

作进一步分析后可以看出，尽管两者都很敏感，但是两者的恰当组合所得到的最高选择性却基本相同。这说明，各最优组合对选择性并不敏感。在工程上，如果催化剂层厚度一定，处理量一定，总能找到一个合适的管外温度以获得高选择性。因为在现场操作时，温度是可调的。由此，可以引出一个结论：温度和空速的组合是不敏感的。

但是，是否可以认为这样的反应器很易放大，不难设计呢？并非如此。在列管反应器中，如果气流在各管中的分配不均匀，那么，各管的空速将不等，将会各自要求不同的管外温度与之相匹配。而实际可调的只是一个管外温度。这样，一旦在各管间出现不均匀的速度分布，选择性势必下降。因此，应当认为，该过程对平均空速并不敏感，但对空速分布不均匀则仍是敏感的。

如果将这样的试验结果提交设计人员进行概念设计，必然会提出如何保证各管间的气流分布均匀性的问题，而这个问题是极难解决的。即使在催化剂装载时采用一切措施，使各管阻力相等，流速均匀，但在运转一段时间后，由于催化剂的破碎，各管阻力会重新出现不均匀而造成气流不均匀分布。而且这种不均匀分布在现场是无法调整的。

　　研究人员如果具备足够的工程知识，必然在小试验中主动地设法寻找解决途径，以降低空速对选择性的敏感度，使图 23 中的曲线改变为如图 24 的形状。也就是或者使极值的左侧变平［见图 24（a）］，或者使右侧变平［见图 24（b）］。这就需要进一步地认识试验，弄清是什么原因造成低空速时选择性的下降，是什么原因造成高空速时选择性的下降，以便对症下药。

　　这里，又一次看到预实验计划的序贯性质。

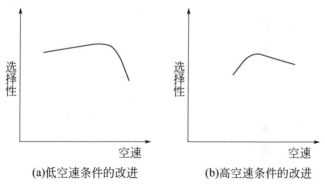

(a)低空速条件的改进　　　　　(b)高空速条件的改进

图24　列管式固定床反应器的性能改进

　　(3) 鉴别试验

　　这是指当研究人员对试验结果进行了理论思维的

加工并形成概念后，应当组织充分的实验验证。鉴别实验是非常重要的，因为一旦被证实，善于理论思维的研究人员将以这个概念为出发点，经过逻辑推理，进行预测和决策。

鉴别实验（也包括认识实验）中的一个重要问题是巧妙的实验设计。在预实验阶段，不可能也没有必要采用精致的实验装置和测试手段。它要求以简易的设备，用最短时间，粗线条地认识对象的全貌。巧妙的实验设计的关键是命题的转化。

命题转化的例子在前几章已多次提及。例如，在第3章关于丁二烯氯化制二氯丁烯的实例中，曾多次运用过命题转化的概念。为了弄清返混是否有害，进行的不是返混实验，而是二氯丁烯进一步氯化的实验。因为二氯丁烯进一步氯化问题与返混是否有害问题是等效的，所以我们就可以把一个研究返混是否有害的问题转化为一个研究二氯丁烯进一步氯化是否显著的问题，从而使实验大为简化。"命题"表明了研究人员的意图，"转化"表明了一种研究可以用另一种来说明。因此，命题的转化这一过程也只可能是在研究人员的脑海中，而不可能在其他场所完成。另外，又如为了证明丁二烯过量能有效地提高选择性，进行的不是不同过量度的试验，而是丁二烯和二氯丁烯同时氯化的试验。第4章丁烯氧化脱氢过程开发的实例中，为了验证着火现象的存在，采用的判据是，进口温度变化时，出口温度的突跃性和不可逆性。这些都体现了命题的转化。

当然，还可举出例子。例如，在两相反应中，为了鉴别对象反应属快反应还是慢反应，可采用的判据是，如反应量与相界面积成正比，则属快反应，与相体积成正比，则属慢反应，这是不难理解的。快反应则必属传递控制，传质量正比于相界面积。慢反应则必属反应控制，而反应量正比于反应体积。简言之，快反应属面积过程，慢反应属体积过程。这也是一种命题的转化。

命题的转化之所以可以被接受，其前提是只求定性的，至多不过是半定量的认识。因此，命题的转化这种研究方法特别适用于预实验。

以下讨论系统的实验。在粗线条地对对象的全貌有所认识以后，应当作出缜密的实验计划，以获得最终的定量的结果，以便进行基础设计。

如果说，预实验是为概念设计服务，那么，系统的实验就是为基础设计服务，而其核心问题是"放大"。

如果说，预实验是在对对象无知的情况下进行，因此不可能有事先的全面的计划，只能而且必须贯彻实验设计的序贯原则，那么，系统的实验是在已有粗略认识的基础上进行的，而且最终必须是定量的认识，因此，应当而且必须有缜密的实验计划，使实验有系统地进行。

因此，系统的实验成败的关键为是否有缜密的实验计划。

在制定系统实验的计划前，研究者必须作出一个重要的决策——如何解决放大问题。目前在研究者面前有两个可能的选择：一是对象经分解和简化后有条件进行定量的数学描述，因而可以采用数学模型方法；另一个选择是，对象过于复杂，难以进行数学描述，因而只能设法找寻放大判据。

前两章中都已分别举出了实例。三聚甲醛的优化是数学模型方法的典型例子，经过将过程分解为反应和精馏两部分后，分别作出简化的数学描述，在计算机上寻优。丁二烯氯化制二氯丁烯，则是寻找放大判据的典型例子。放大的判据是，喷嘴造成相同的微团尺寸（保证相同的预混合）和相同的返混比（保证相同的宏观混合）。丁烯氧化脱氢过程的例子则是说明了两者兼顾的情形。分解为预反应段和主反应段以后，预反应段将采用数学模型方法，而主反应段则找到了关键的因素：氧扩散控制。

这种决策应当在制订系统实验计划之前进行，因为两个方法所进行的实验是完全不同的。因此，在预实验结束、系统实验进行之前，应当有一段思索分析的阶段。在有条件进行数学模型化的场合，应当尽可能地采用数学模型方法。这就需要探索和分析过程分解的可能性和过程简化的可能性。一般而言，工业反应过程是相当复杂的，没有可利用的特殊性以实现有效的分解和简化，数学模型方法很难得到成效。因此，切忌盲目地决定采用数学模型方法。不问对象特性，一概采用本征动力学—宏观动力学—反应器的"数学模型三部曲"，就不免过于学究气了。

如果判定数学模型难以建立，就应设法寻找放大的判据。寻找放大判据同样需要严密的计划和实验设计。例如，曾经有一个聚合过程，系液—液两相反应。某单位在进行小试验时采用四釜串联的方案。在小试验中发现，后三个釜对搅拌没有特殊要求，但在第一个釜中必须进行剧烈搅拌。搅拌桨的转速必须大于 1500r/min；低于此转速，聚合物质量指标将恶化。因此，第一釜的放大必须慎重对待。

小试验研究人员提供的解释是，在第一釜中必须迅速将两相分散，进行快速聚合，形成大量的低聚物。

这个过程看来是难以进行数学描述的。一方面，聚合反应的动力学异常复杂，另一方面，也难以在聚合条件与聚合物的质量指标之间建立某种定量的关系。因此，数学模型方法恐难以奏效，应当转而寻找放大判据。

但是，寻找放大判据也不应当仅限于所谓"等功率放大""等端点线速放大"或"等 Re 放大"等。应当弄清是哪一个因素决定着聚合物的质量。例如可以列举以下几项：

① 液滴的平均直径；

② 液滴的总外表面积；

③ 液滴的大小分布（平均值和离散度）；

④ 液滴的直径上限。

因此，应当弄清楚，究竟其中哪一种因素决定着聚合物的质量，以确定放大的判据。

然后，进行搅拌问题的研究，考察几何尺寸增大时如何保证上述这一种判据保持不变。这一试验可充分利用模拟物系在冷态（即非反应态）条件下进行，利用流动特性类似的模拟物系，确定维持上述判据不变的条件即可。

从这一个实例也可以看到，数学模型方法和确定放大判据方法的实验内容是完全不同的。但是，有一点却是共同的，即都要进行事前的周密的分析和计划。否则，难以获得明确可靠的结论。

综上所述，可将开发实验归纳成如图 25 的信息流图。

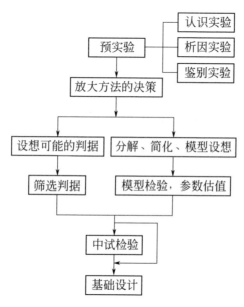

图 25 开发实验研究工作框图

后　记

　　上面几章已大体论述了开发工作中重要的几个方面。当然在开发工作中有时还需考虑另一些问题。例如，本书中没有着重提到的冷模试验问题。冷模试验在有些场合是十分重要的，其作用也十分明显。既然化学反应的规律并不随反应设备的大小而异，就完全可以通过小试解决，而传递过程的规律则必须通过相当规模的试验才能得到。但是，一旦掌握了某一种反应器的传递规律，由于这种规律具有共性，因此可以用于不同反应过程。传递规律的研究可以在非反应态进行，或简称冷模试验，其结果可以用于反应态。

　　为了使开发工作有更坚实的基础，建立一些典型反应器的大型冷模试验基地看来很有必要，如固定床反应器、釜式搅拌反应器等。例如本书第 4 章中提到的丁烯氧化脱氢的绝热固定床反应器，存在一个气流在床层中分布程度不均匀的问题。但是床层究竟可能有多大程度的不均匀，分布板应如何设计方能将气流分布的不均匀程度限制在允许的范围内，等等，是通过大型的冷模试验可以认识的，而且一旦认识了这种规律，也可以用于其他反应过程。这种通过大型冷模试验认识过程一个方面规律的做法，至今还没能被人们充分重视。这种开发工作中的薄弱环节应当迅速加强。

另外，在本书的最后也应指出，既然数学模型方法在科学上是合理的，就应该尽可能地采用，但也不应盲目地采用。所谓盲目就是不分场合，不利用对象的特殊性，而是一概采用从微观动力学出发到数学模型化这样一成不变的程序去做。但是如果经过过程的分解和过程的简化，还难以实现模型化，或模型化尚过于繁复，那我们就应退出去寻找放大中应保持不变的判据。如果连寻找判据都有困难，那恐怕还不得不根据逐级经验放大方法去开发过程。这当然是在不得已的场合才应考虑的。所以作为一种方法，逐级经验放大也并非是应该完全弃之不用的。但是不论采用哪一种方法，反应工程理论的指导将始终是有益的。

在本书中，笔者试图说明的只是工业反应过程开发的正确方法。由于开发工作中会遇到各种不同类型的实际问题，因此不可能有通用的条款可供遵循。只能说，在开发工作中重要的是在反应工程理论指导下正确的思想方法及反应工程一些基本观点和基本概念的灵活应用。愿以这一切身感受作为全书的终结。